ÉTUDE

DU

TÉLÉGRAPHE AUTOMATIQUE

DE SIR CH. WHEATSTONE

PARIS. — IMPRIMERIE ARNOUS DE RIVIÈRE, RUE RACINE, 26.

ÉTUDE

DU

TÉLÉGRAPHE AUTOMATIQUE

DE

SIR CH. WHEATSTONE

PAR

ALBERT LE TUAL
EMPLOYÉ A LA STATION CENTRALE DE PARIS

OUVRAGE PUBLIÉ AVEC L'AUTORISATION DE L'ADMINISTRATION
DES LIGNES TÉLÉGRAPHIQUES

TEXTE

PARIS
DUNOD, ÉDITEUR
Successeur de V^{ot} DALMONT
précédemment CARILLIAN-GOEURY et VICTOR DALMONT
LIBRAIRE DES CORPS DES PONTS ET CHAUSSÉES, DES MINES
ET DES TÉLÉGRAPHES
49, Quai des Augustins, 49

—

1876

ÉTUDE

DU

TÉLÉGRAPHE AUTOMATIQUE

DE

SIR CH. WHEATSTONE

PAR

ALBERT LE TUAL
EMPLOYÉ A LA STATION CENTRALE DE PARIS

OUVRAGE PUBLIÉ AVEC L'AUTORISATION DE L'ADMINISTRATION
DES LIGNES TÉLÉGRAPHIQUES

TEXTE

PARIS
DUNOD, ÉDITEUR
Successeur de Vor DALMONT
précédemment CARILLIAN-GOEURY et VICTOR DALMONT
LIBRAIRE DES CORPS DES PONTS ET CHAUSSÉES, DES MINES
ET DES TÉLÉGRAPHES
49, Quai des Augustins, 49

1876

Paris, 30 juin 1876.

Il est difficile de s'expliquer qu'une étude approfondie du système automatique de M. Ch. Wheatstone n'ait pas encore été produite, quand on considère les services rendus par cet appareil.

Nous avons donc voulu combler cette lacune et montrer l'appareil dans tous ses détails à nos collègues désireux de le connaître.

La tâche était dure pour nous, vu l'absence de documents et la crainte de notre insuffisance : aussi réclamons-nous l'indulgence de ceux qui voudront bien nous lire.

Notre étude présente deux grandes divisions (partie mécanique et partie électrique) suivies du réglage, de l'entretien et de la manœuvre des divers instruments qui composent le système, du rendement de l'appareil et de l'organisation du service.

Nous y avons ajouté la description de la bobine différentielle employée par M. Wheatstone dans la transmission simultanée en sens opposé; et, ne nous contentant pas des figures théoriques par lesquelles on explique la transmission duplex, nous avons pris la bobine elle-même et suivi tous les courants qui parcourent son double enroulement, dans les différents cas de transmission simultanée.

Cherchant la clarté, la simplicité dans nos descriptions, nous avons fait tous nos efforts pour nous mettre à la portée du télégraphiste. C'est à lui que nous nous adressons; et, pour lui faciliter l'étude de cet appareil fort délicat et ne comportant pas le démontage, comme le Hughes, par exemple, nous avons ajouté au texte un atlas où les planches ont été multipliées autant que possible.

Si ce travail profite à nos collègues, notre satisfaction sera complète.

A. L. T.

INTRODUCTION

En présence du nombre toujours croissant des dépêches, l'attention s'est portée sur la nécessité de faire face à la quantité de travail qui s'accumule sur les lignes télégraphiques. Aussi les inventeurs se proposent-ils d'obtenir sur un fil le maximum de travail en créant des appareils à transmission rapide dont la vitesse n'est limitée que par la rapidité avec laquelle les courants peuvent être émis sans se confondre. Mais deux obstacles se présentent, l'un dans la lenteur de la décharge sur les longs conducteurs; l'autre dans la limite forcée de la transmission à la main.

La charge d'un fil conducteur peut être considérée comme instantanée, mais il n'en est pas de même de la décharge, surtout sur les grandes lignes. Sur un fil de peu d'étendue, le nombre des émissions que l'on peut produire et utiliser à la station correspondante est considérable, la décharge étant presque instantanée; mais sur une grande ligne, il diminue sensiblement et, pour peu que ces émissions se succèdent rapidement, il arrive un instant où elles se confondent et ne donnent pas le résultat attendu; cependant ce nombre est encore trop considérable pour que l'employé, en transmettant à la main et quelle que soit son habileté, puisse l'atteindre.

M. Wheatstone a savamment triomphé de ces deux obstacles en se servant, pour le premier cas, de courants inversés et, pour le second, en séparant complétement le travail de l'employé du mécanisme de transmission, et en rendant cette transmission automatique.

Un employé très-habile peut transmettre quarante mots environ à la minute, mais il lui est impossible de supporter pendant longtemps ce travail. Un employé se fatigue, une machine ne se fatigue pas. Le travail d'une machine est constant et régulier; celui de l'employé ne l'est pas. De plus, on peut donner à cette machine une vitesse qui n'est limitée que par le temps nécessaire aux courants électriques pour parcourir une ligne et reproduire à l'extrémité les signaux transmis.

Le système automatique de M. Wheatstone non-seulement accélère les transmissions, mais encore facilite la traduction des dépêches en régularisant d'une manière parfaite, comme nous le verrons plus tard dans l'étude des courants de compensation, tous les signaux transmis.

Les dépêches sont préparées d'avance, mais cette préparation étant tout à fait distincte de l'appareil transmetteur, l'employé n'a à se préoccuper ni des difficultés de ligne, ni des exigences du correspondant; son attention n'est pas divisée, comme cela arrive nécessairement pour les autres appareils. Il est indépendant et il prend l'allure qui résulte de son aptitude.

Il en est de même pour la traduction des signaux et, tout en laissant à l'employé sa liberté d'action, la reproduction régulière des signaux rend la lecture plus facile et par conséquent plus rapide; les erreurs sont moins fréquentes.

En outre les difficultés que rencontre l'employé, lorsqu'il a à transmettre une dépêche chiffrée ou en langue étrangère, disparaissent avec le système automatique de M. Wheatstone. L'employé, comme nous l'avons déjà dit, est livré à lui-même; il a donc le temps d'étudier sa dépêche à composer et son travail, devenu plus facile, peut se soutenir beaucoup plus longtemps que dans les autres systèmes.

Les dépêches, une fois composées, sont livrées au transmetteur dont la vitesse est réglée selon l'état de la ligne et reste uniforme. Les dépêches, qu'elles soient écrites en n'importe quelle langue, sont transmises avec la même vitesse.

Nous reviendrons sur les avantages qu'offre le système automatique de M. Wheatstone.

Avant de commencer une description détaillée des divers appareils qui le composent, nous en donnerons une idée générale.

ÉTUDE

DU

TÉLÉGRAPHE AUTOMATIQUE

DE

SIR CH. WHEATSTONE

NOTIONS GÉNÉRALES

La transmission s'effectue au moyen d'une bande de papier spécial percée de trous. Ces trous se succèdent et déterminent l'ordre et le nombre des émissions; ils sont groupés de manière à permettre la reproduction des lettres et de tous les signaux qui composent l'alphabet Morse, c'est-à-dire les points, les traits et les espaces blancs.

La bande de papier préparée est livrée au transmetteur. Deux aiguilles placées au-dessous de la bande sont mises en mouvement par le mécanisme même de ce transmetteur. Lorsque l'une d'elles est élevée, elle passe à travers un des trous que porte la bande : une émission positive est envoyée sur la ligne. Lorsque l'autre s'élève à son tour, elle passe également à travers un des trous de la bande et une émission de nom contraire parcourt le fil conducteur.

Les courants ainsi envoyés sur la ligne agissent sur l'électro-aimant d'un récepteur placé à la station correspondante et reproduisent les signaux sur une bande de papier qu'un mouvement d'horlogerie fait dérouler.

Le système automatique de M. Wheatstone se compose donc de trois appareils :

1° Un perforateur,

2° Un transmetteur,

3° Un récepteur.

Le *perforateur* est l'appareil qui sert à percer la bande de papier. Trois pistons dont l'un représente le point, l'autre le trait et le troisième les espaces blancs, s'appuient sur les bras de trois leviers dont les autres bras recourbés à angle droit viennent se placer derrière une série de poinçons ou emporte-pièce.

L'employé qui perfore tient un petit marteau de chaque main et frappe successivement les pistons de manière à former toutes les combinaisons qui entrent dans la composition des signaux Morse. La secousse produite par le coup de marteau est transmise, par l'intermédiaire des leviers, aux poinçons qui viennent brusquement frapper la bande de papier et la perforent.

Les trous pratiqués dans la bande de papier sont disposés sur trois rangées parallèles, l'une supérieure et l'autre inférieure, toutes les deux composées de trous de même grandeur. La troisième rangée occupe le milieu de la bande et les trous dont elle est formée sont beaucoup plus petits que ceux des autres rangées.

Pour le point, les poinçons perforent trois trous placés sur une même ligne verticale, savoir : O o O

Pour le trait, quatre trous sont pratiqués dans la bande : un appartient à la rangée supérieure, un second

à la rangée inférieure et les deux derniers à la rangée du milieu. On obtient le signal $\begin{smallmatrix}\bigcirc & \\ \circ & \circ \\ & \bigcirc\end{smallmatrix}$. Remarquons qu'ici les deux trous de grand diamètre sont placés obliquement l'un par rapport à l'autre. Plus tard nous exposerons la raison de cette disposition.

Pour les espaces blancs, un seul poinçon perfore la bande et le trou est placé sur la rangée du milieu.

Ce sont les trous des deux rangées externes qui passent au-dessus des pointes des deux aiguilles dont nous avons déjà parlé, et qui permettent leur élévation et par suite l'envoi sur la ligne des courants destinés à reproduire dans le récepteur les divers signaux transmis.

La bande de papier passe entre deux plaques métalliques où elle est perforée, puis poussée en avant par une petite roue dentée que contient le mécanisme et dont les dents s'engagent dans les trous de la rangée du milieu.

Cette dernière rangée sert uniquement à l'entraînement régulier du papier, tandis que les deux autres servent aux émissions de courant.

Le *Transmetteur* a pour fonction d'envoyer sur la ligne les courants qui doivent agir sur le récepteur de la station correspondante.

La bande de papier, préparée comme nous venons de le dire, est placée sur le transmetteur et entraînée régulièrement par une petite roue absolument semblable à la roue du perforateur et dont les dents s'engagent successivement dans les trous de la rangée du milieu. Elle est en outre maintenue en présence de cette roue par un disque qui la presse de haut en bas. Cette roue, dite d'entraînement, est mise en mouvement par un mécanisme d'horlogerie. L'un des axes de ce mécanisme donne aussi le mouvement, au moyen d'une manivelle et d'une bielle, à un petit balancier en ébonite qui porte trois goupilles dont les extrémités libres traversent deux larges ouvertures circulaires pratiquées dans la platine antérieure et font saillie en dehors de cette platine.

La goupille de gauche communique avec la ligne, celle de droite avec la terre ; la goupille du milieu est isolée. (Nous verrons qu'il existe deux transmetteurs. Les communications dont il s'agit ici appartiennent au transmetteur ancien modèle.)

En avant de la platine antérieure est disposé un système de leviers au nombre de quatre, mis en mouvement par les goupilles elles-mêmes. Deux de ces leviers A et B (pl. XV) portent chacun une aiguille dont les extrémités libres se trouvent en face et au-dessous de la bande de papier. Ils sont en communication électrique au moyen de deux ressorts à boudin H et H'. Ces deux leviers sont disposés de façon à suivre les mouvements du balancier et restent en contact avec les goupilles tant que leur mouvement de bas en haut n'est pas arrêté. Le levier B porte l'aiguille dont la pointe regarde la rangée supérieure de trous de la bande ; le levier A porte l'aiguille qui regarde la rangée inférieure.

Deux autres leviers C et Z sont reliés, l'un C au pôle positif de la pile et l'autre Z au pôle négatif. Les deux goupilles de droite oscillent entre les extrémités libres de ces leviers, et la goupille du milieu, qui est isolée, sert à mettre en communication le levier B avec l'un ou l'autre des leviers C et Z.

Les deux aiguilles s'élèvent alternativement jusqu'à ce qu'elles touchent la bande. Si elles rencontrent un trou, elles le traversent et le contact entre les leviers qui les portent et les goupilles ne cesse pas ; mais si elles n'en rencontrent pas, leur mouvement ascensionnel est arrêté ; celui du balancier et par conséquent des goupilles se continuant, le contact cesse entre ces goupilles et les leviers.

De ces divers mouvements il résulte que tantôt le pôle positif est envoyé sur la ligne et le négatif à la terre ; tantôt le négatif sur la ligne et le positif à la terre.

Dans notre description détaillée, nous expliquerons toutes les positions que peuvent occuper les leviers par rapport aux goupilles du balancier et les diverses combinaisons qui déterminent l'ordre des émissions. Contentons-nous pour le moment de savoir que l'élévation de l'aiguille postérieure détermine l'envoi sur la ligne des émissions positives, et celle de l'aiguille antérieure, l'envoi des émissions négatives.

Le troisième appareil est le *Récepteur*. Il comprend un mouvement d'horlogerie spécial et un aimant artificiel permanent en forme de fer à cheval et dans les pôles duquel pivotent, mais sans contact, deux palettes ou armatures dont les extrémités libres oscillent, sous l'influence des courants transmis par la station correspondante, entre les quatre pôles de deux bobines. Ces deux palettes, montées sur un même axe vertical, sont aimantées par l'influence de l'aimant artificiel et par conséquent présentent aux pôles des bobines, l'une un pôle boréal et l'autre un pôle austral. Cette palette n'a pas de ressort de rappel; elle est donc inerte entre les pôles des bobines, tant qu'aucun courant ne traverse ces bobines.

Le fil des bobines est enroulé de façon à présenter aux pôles des deux palettes, tantôt des pôles de même nom, tantôt des pôles de nom contraire, selon que les émissions du transmetteur sont ou positives ou négatives.

L'axe des palettes se prolonge en haut et porte à sa partie supérieure un bras métallique soudé à cet axe et dont l'extrémité recourbée à angle droit présente une échancrure dans laquelle passe à frottement doux un axe qui s'appuie en arrière sur la platine postérieure du mouvement d'horlogerie et se prolonge en avant de la platine antérieure, après avoir traversé une petite fenêtre pratiquée dans cette platine. Cette extrémité antérieure de l'axe porte une molette en face de laquelle passe une bande de papier que fait dérouler le mouvement d'horlogerie et destinée à recevoir l'impression. Cette disposition de la molette sur l'axe des palettes lui permet de suivre exactement tous leurs mouvements.

Au-dessous de la molette se trouve un disque mû également par le mouvement d'horlogerie et plongeant dans un bassin rempli d'encre oléique. Ce disque et la molette se trouvent dans un même plan vertical et aussi près que possible l'un de l'autre, mais sans se toucher, de façon que la molette prenne sur la circonférence du disque la quantité d'encre strictement nécessaire pour l'impression.

Les signaux reproduits sont, nous l'avons déjà dit, ceux du système Morse.

Lorsqu'un courant positif traverse les bobines, la palette est attirée d'un côté et l'axe de la molette suit le mouvement. Celle-ci vient s'appliquer contre le papier et conserve cette position tout le temps que l'électro-aimant subit l'influence magnétique produite par le passage du courant positif : nous savons en effet que la palette n'a pas de ressort antagoniste.

Mais lorsque le fil des bobines est parcouru par un courant négatif, ce courant renverse l'effet magnétique produit dans l'électro-aimant par le passage du courant positif et les quatre pôles des bobines changent de nom. Les deux palettes sont donc attirées en sens contraire et naturellement la molette suit leur mouvement, c'est-à-dire s'éloigne de la bande de papier.

Nous voyons donc que les courants positifs produisent l'impression et les courants négatifs les espaces blancs.

Les empreintes laissées par la molette sur la bande de papier, correspondent exactement aux perforations de la bande placée sur l'appareil transmetteur de la station qui envoie le courant.

Nous expliquerons également dans notre étude détaillée comment les trous groupés de tant de manières sur la bande perforée peuvent produire sur la bande du récepteur de la station correspondante les divers signaux du système Morse.

REMARQUES.

Sur les lignes télégraphiques, la charge est beaucoup

plus rapide que la décharge, et cette lenteur dans la décharge a toujours été un grave inconvénient et une difficulté à surmonter.

Si l'on envoie sur un fil conducteur une succession de courants de même nature à des intervalles très-rapprochés, il arrive, surtout sur les longues lignes, que le fil n'ayant pas le temps de se décharger complétement après chaque émission, tous ces courants se confondent et par conséquent ne reproduisent à la station correspondante que des signaux dénaturés. Il est donc indispensable que la décharge soit complète avant qu'une nouvelle émission ait lieu, sinon il faut ralentir la vitesse de transmission. C'est pour obvier à cet inconvénient que M. Wheatstone s'est servi des deux pôles de la pile. Il envoie tour à tour le positif et le négatif. Si donc la décharge n'est pas complète avant qu'une nouvelle émission ait lieu, celle-ci, en arrivant sur la ligne, étant de nom contraire de la précédente, opère elle-même la décharge du fil. Par ce moyen M. Wheatstone a pu arriver à une très-grande vitesse de transmission.

Dans les transmissions rapides, on doit aussi tenir compte de l'inégalité de durée des courants. Les signaux à reproduire ici se composent en effet de points, de traits et d'intervalles plus ou moins longs. Ces courants d'inégale durée apportent de l'irrégularité dans la reproduction des signaux. M. Wheatstone a encore triomphé de cette nouvelle difficulté en faisant usage de courants de compensation qui ont pour but de rendre toujours égale l'intensité du courant à son arrivée dans le récepteur.

Nous consacrerons un chapitre spécial à l'étude de ces courants de compensation, et nous espérons arriver à faire comprendre leur utilité. Cette étude est d'autant plus nécessaire que, dans l'appareil Wheatstone, le seul réglage important et que doit connaître à fond l'employé est précisément celui de la caisse de résistance que traverse, comme nous le verrons plus tard, le courant compensateur.

Au moyen de ces courants alternés et des courants de compensation, M. Wheatstone a obtenu une vitesse de transmission très-rapide et une régularité vraiment remarquable dans la reproduction des signaux.

Maintenant que nous avons une idée générale de tout le système, nous étudierons d'une manière plus approfondie chacun des appareils qui le composent. Nous examinerons attentivement les détails des divers mécanismes et les fonctions multiples qu'ils sont chargés de remplir. Nous reconnaîtrons bientôt que le système automatique de M. Wheatstone est une création des plus savantes et que ses appareils, surtout le transmetteur, sont de véritables chefs-d'œuvre de construction et de précision. Ce système est, sans contredit, l'un des plus remarquables et des plus ingénieux qui aient été inventés jusqu'à ce jour. Il fonctionne en Angleterre depuis longtemps et c'est lui qui, en France, a donné les meilleurs résultats sur les lignes de grand parcours.

L'étude de l'appareil Wheatstone se divise en deux parties principales :

1° La *partie mécanique*,

2° La *partie électrique*.

La partie mécanique comprend la description des divers appareils qui composent le système automatique.

La partie électrique embrasse toutes les communications et la marche des courants.

PARTIE MÉCANIQUE

PERFORATEUR

Le premier appareil que nous devons étudier est le *perforateur*.

Imaginons une boîte en cuivre sans couvercle et renversée (pl. I, *fig.* 2; pl. II, *fig.* 1). A l'intérieur de cette boîte, le long de l'un des petits côtés se trouvent deux saillies également en cuivre sur lesquelles est fixée au moyen de deux vis V et V' (pl. II, *fig.* 2) une plaque en cuivre C percée de trois trous à égale distance les uns des autres. En regard de ces trous et sur le fond de la boîte, sont pratiqués trois autres trous. Les tiges de trois pistons traversent d'abord le fond de la boîte, puis la plaque C.

Chaque piston se compose d'une tige et d'une tête. La tête est formée d'une plaque en acier *e* (pl. I, *fig.* 3) au-dessous de laquelle est engagée sur la tige et à frottement très-dur une rondelle de caoutchouc *a* d'environ 5 à 6^{mm} d'épaisseur. Elle est destinée à amortir le choc brusque qui aurait lieu si la plaque métallique venait frapper le fond de la boîte.

La tige est également en acier. Sa partie supérieure est d'un plus grand diamètre que sa partie inférieure.

Elle présente vers le milieu un épaulement qui, à l'état de repos, se trouve de niveau avec la surface interne du fond de la boîte et contre lequel vient se placer un petit anneau *h* (pl. IV, *fig.* 1). Au-dessous de cet anneau s'engage l'extrémité d'un bras de levier *l* métallique recourbé en avant, en forme de crochet. Au-dessous de ce crochet se trouve un second anneau *h'* semblable au premier et sollicité de bas en haut par la pression d'un ressort à boudin *i*, serré entre cet anneau et la plaque C. L'extrémité inférieure de chaque tige porte un écrou *e'* séparé de la plaque C par une rondelle de feutre *j*.

Lorsqu'on frappe sur le piston, le ressort *i* cède, et les deux anneaux ainsi que l'extrémité du bras du levier descendent avec la tige, grâce à l'épaulement *d* contre lequel s'appuie l'anneau supérieur, et jusqu'à ce que la rondelle de caoutchouc rencontre le fond de la boîte.

Mais aussitôt que la main qui a frappé se relève, le ressort presse sur l'anneau inférieur et fait remonter le piston ainsi que l'extrémité du bras de levier, jusqu'à ce que ce mouvement de bas en haut soit arrêté par l'écrou qui vient buter contre la plaque C.

Chacun des trois leviers se compose d'une lame de fer et pivote autour d'un axe commun V'' traversant un massif en cuivre DE vissé sur la face interne du fond de la boîte et à l'opposé de la plaque C.

Les deux bras de chaque levier sont d'inégale longueur, et le plus court, recourbé à angle droit et plus large que l'autre, traverse librement le massif en cuivre, ainsi qu'une ouverture pratiquée sur le fond de la boîte, et vient faire saillie en dehors de cette boîte. Son extrémité libre présente en arrière une courbe *mn* et en avant, au niveau du fond de la boîte, une entaille *o* dans laquelle passe un levier dont nous parlerons plus tard.

Les trois pistons et par conséquent les extrémités des grands bras de levier (pl. II, *fig.* 2), sont éloignés les uns des autres d'environ 4 centimètres ; mais en gagnant leur axe commun, les leviers se rapprochent ; les petits bras se trouvent dans toute leur longueur aussi près que possible les uns des autres et séparés par des rondelles métalliques pour diminuer la surface de frottement.

Sur le fond de la boîte et en face des pistons est vissée une plaque en cuivre AB (pl. III, *fig.* 2) recourbée à angle droit et pouvant se diviser, pour faciliter notre description, en deux plaques distinctes, l'une horizontale AB et l'autre verticale CD (pl. IV, *fig.* 1). Ce sont ces deux plaques qui supportent le mécanisme principal du perforateur.

Les diverses fonctions que remplit ce mécanisme permettent de le diviser en deux parties.

Dans la première nous comprenons les pièces servant à la perforation proprement dite ; dans la seconde, celles qui concourent à la progression de la bande de papier.

I. *Perforation.* — La perforation s'opère au moyen de poinçons ou emporte-pièce placés en regard des extrémités des bras de levier faisant saillie au-dessus de la boite et de la plaque AB percée en conséquence.

En général, chaque poinçon se compose d'une petite tige en acier trempé *po* (pl. III, *fig.* 6), d'un bloc *pb* et d'une petite goupille *p* de même métal.

Ils sont au nombre de cinq, disposés sur trois étages (pl. III, *fig.* 1). Deux poinçons occupent l'étage inférieur; deux autres, l'étage du milieu, et le cinquième, l'étage supérieur. Ils sont placés sur deux plans verticaux, ceux dans lesquels se trouvent les extrémités des leviers L^1, L^3. Aucun poinçon n'existe dans le plan du levier L^2.

Les tiges, les blocs et les goupilles des deux poinçons situés à l'étage inférieur sont tout à fait semblables.

Les deux poinçons qui forment l'étage du milieu possèdent des tiges semblables, mais les extrémités de ces tiges, destinées à percer le papier, sont d'un diamètre beaucoup plus petit que celui des autres poinçons. La partie postérieure du poinçon *j* est enveloppée d'un manchon en cuivre *m* faisant corps avec lui et soudé à une petite plaque ovale F en cuivre, dont nous parlerons bientôt. Le bloc *p* de ce poinçon est soudé à cette plaque ovale et par conséquent suit ses mouvements. Le poinçon *o* traverse librement la plaque ovale et porte en arrière de cette plaque un bloc tout à fait indépendant de son voisin. Le bloc *o* ne porte qu'une goupille *c*; le bloc *p*, beaucoup plus volumineux que l'autre, présente deux goupilles *d* et *e*.

L'étage supérieur ne se compose que d'un seul poinçon, mais d'un diamètre égal à celui des poinçons de l'étage inférieur. Le bloc de ce poinçon est plus volumineux que les blocs de l'étage inférieur et porte deux goupilles *a* et *b*. Ce poinçon est placé dans le plan du levier L^1.

Nous avons donc, dans le plan du levier du milieu L^1, trois poinçons *h*, *j*, *l*, les deux extrêmes de grand diamètre et celui du milieu de petit diamètre. Dans le plan du levier L^3, nous n'avons que deux poinçons, un inférieur *k* de grand diamètre et un au milieu *i* de petit diamètre.

La pl. III de notre atlas nous montre tous les poinçons sur trois étages séparés.

Si maintenant nous considérons les goupilles, nous trouvons :

Dans le plan du levier L^3, trois goupilles *a*, *c*, *f*, une à chaque étage ;

Dans le plan du levier L^1, trois autres goupilles *b*, *d*, *g*, une également à chaque étage ;

Enfin, dans le plan du levier L^2 nous n'avons qu'une seule goupille appartenant à l'étage du milieu *e*.

Il existe donc cinq poinçons et sept goupilles.

Tous ces poinçons traversent en avant une ouverture rectangulaire pratiquée dans la plaque verticale CD et viennent s'engager à frottement très-doux dans cinq trous circulaires que porte une petite plaque en acier trempé H (pl. IV, *fig.* 1) vissée sur la face antérieure de la plaque verticale CD. En arrière, les poinçons s'appuient, au moyen de leurs goupilles, sur une petite plaque en acier E (pl. III, *fig.* 2 et pl. II, *fig.* 6) soudée à une petite équerre en cuivre I vissée sur la plaque horizontale AB. Sept trous circulaires sont donc pratiqués dans cette petite plaque et traversés à frottement très-doux par les sept goupilles.

Au-dessus et au-dessous de l'ensemble des poinçons et dans le plan du levier du milieu, se trouvent deux petites tiges en acier *t*, *t'* (pl. IV, *fig.* 1), engagées en avant dans la plaque verticale CD et venant seulement s'appuyer en arrière contre la plaque E.

Enfin une autre petite plaque ovale en cuivre F mobile et percée de sept trous est située en avant des blocs. Elle est traversée par les cinq poinçons et par les deux tiges *t* et *t'* dont nous venons de parler (pl. II, *fig.* 7 et pl. IV, *fig.* 1).

Tous les blocs, à l'exception de celui qui porte le poinçon de gauche de l'étage du milieu, sont indépendants de cette plaque. Le bloc faisant exception est, comme nous l'avons déjà vu, soudé à cette plaque. Le poinçon que porte ce bloc est enveloppé en arrière d'un manchon en cuivre qui fait corps avec lui et qui est soudé à la plaque ovale. Ainsi le poinçon, le manchon, la plaque ovale et le bloc ne font qu'un. Tous les autres poinçons traversent très-librement la plaque ovale.

Les deux tiges *t* et *t'* sont enveloppées chacune dans toute leur longueur située entre la plaque verticale et la plaque ovale, d'un ressort à boudin très-fort, en acier, qui tend à éloigner sans cesse de la plaque verticale CD la plaque ovale F et par suite les blocs des poinçons.

Le parallélisme de ces deux tiges et des poinçons est maintenu au moyen de la plaque H en avant. et des plaques F et E' en arrière.

Sur la face antérieure de la plaque verticale CD, au milieu et par conséquent en face des poinçons, sont fixés deux petites plaques en acier trempé, l'une H que nous connaissons déjà, l'autre H' (pl. IV, *fig.* 1) et percées chacune de cinq trous avec bords à arêtes vives, de même diamètre que les poinçons placés en regard, correspondant exactement avec cinq trous pratiqués dans la plaque ovale F et dont le côté droit présente un biseau taillé dans leur épaisseur (pl. I, *fig.* 4). Elles sont toutes les deux maintenues contre la plaque verticale CD au moyen de deux vis, un biseau regardant l'autre, et séparées l'une de l'autre par deux petites lames métalliques très-minces, traversées également par les deux vis et placées l'une en haut et l'autre en bas. Ces deux lames présentent un bord rectiligne et un bord convexe. Ce dernier doit seul être en relation avec la bande, et cette disposition a été établie pour diminuer le frottement de la bande contre ces plaques, frottement qui n'a lieu qu'en un seul point et non sur toute la longueur de la lame si le bord interne était rectiligne. C'est entre les deux plaques H et H' que passe la bande de papier à perforer. Le biseau est là pour en faciliter l'entrée et la bande passe librement entre les deux plaques, grâce à l'écartement produit par l'épaisseur des deux lames.

A l'état de repos, toutes les pièces occupent les positions suivantes :

Les pistons obéissent à l'action du ressort à boudin et leur tête est éloignée du fond de la boîte. Les grands bras des leviers subissent la même influence et les extrémités libres des petits bras faisant saillie en dehors de la boîte, sont à une petite distance des goupilles des poinçons.

Les poinçons sont disposés sur trois étages comme nous les avons décrits et reposent en avant sur la petite plaque H, et en arrière sur la petite plaque E, au moyen de leurs goupilles.

Les ressorts à boudins t, t' éloignent de la plaque verticale CD la pièce ovale F qu'ils maintiennent appuyée contre tous les blocs des poinçons.

Tous les poinçons en avant traversent la petite plaque postérieure H, mais sans la dépasser. Leur extrémité antérieure se trouve donc exactement de niveau avec la surface antérieure de cette petite plaque.

La bande de papier occupe l'espace laissé libre entre les deux plaques H et H'.

Lorsque l'un des pistons est frappé, la tête s'abaisse jusqu'à la rencontre de la boîte. En même temps l'épaulement de la tige entraîne l'anneau supérieur, puis le levier et enfin l'anneau inférieur. De son côté, le ressort cède sous la pression et l'écrou abandonne la surface inférieure de la plaque C. Par suite de ce mouvement, le levier pivote sur son axe et l'extrémité libre qui fait saillie en dehors de la boîte vient frapper violemment les goupilles situées dans son plan vertical. Les goupilles ainsi que leurs blocs respectifs, puis les poinçons solidaires de ces blocs sont vivement poussés en avant. Les extrémités des poinçons en contact avec la bande traversent cette bande et repoussent en avant de la petite plaque H' les débris qui proviennent de la perforation. Pendant la marche en avant des poinçons, les blocs mis en mouvement ont entraîné la pièce ovale qui, glissant le long des tiges t et t', exerce une pression sur le ressort à boudin.

Lorsqu'au contraire le marteau abandonne le piston, le ressort à boudin de ce piston, sur lequel aucune pression n'est plus exercée, relève l'anneau inférieur et par suite le bras de levier et enfin l'anneau supérieur qui, pressant à son tour contre l'épaulement de la tige, relève cette tige, jusqu'à ce que l'écrou vienne buter contre la surface inférieure de la plaque de cuivre C.

Pendant ce mouvement, le levier pivote sur son axe, mais en sens contraire, et l'extrémité postérieure reprend sa position primitive. Les goupilles, débarrassées alors de la pression exercée sur elles par le levier, reviennent en arrière, grâce à l'action des ressorts *t* et *t'* qui repoussent la pièce ovale, entraînant avec elle les blocs et les poinçons mis en mouvement. Ces poinçons abandonnent la bande perforée qui, au moyen d'un mécanisme spécial que nous décrirons bientôt, avance vers la gauche et présente de nouveau aux extrémités des poinçons une surface intacte et prête à subir une nouvelle perforation.

Nous avons vu que les diverses combinaisons de trous représentant les signaux Morse, point, trait et espace blanc, sont :

Pour le point O o O, pour le trait O o o O et pour les espaces blancs, un simple trou.

Nous avons vu également que les trois pistons représentent, l'un, celui de gauche, le point ; l'autre, celui du milieu, le blanc, et le troisième, celui de droite, le trait.

Le moment est venu de remarquer que l'ordre des pistons ne concorde pas avec l'ordre dans lequel sont placées les extrémiiés des leviers qui font saillie en dehors de la boîte et regardent les goupilles des poinçons.

A l'intérieur de la boîte, entre le piston et l'axe commun des leviers, les deux leviers point et blanc se croisent. Le levier point reste droit, mais le levier blanc décrit une courbe lui permettant de passer sous le levier point, de sorte que l'extrémité libre de ce dernier, au lieu de se trouver à gauche comme le piston du même nom, est placée au milieu. L'ordre dans lequel se présentent les extrémités libres des leviers en dehors de la boîte est donc le suivant :

A gauche, le levier blanc ;

Au milieu, le levier point ;

A droite, le levier trait.

Nous avons cherché le but de ce croisement. Sans ce croisement nous sommes arrivé aux mêmes combinaisons pour la formation des signaux, avec le même nombre de goupilles et de poinçons ; mais nous étions obligé d'augmenter le volume de certains blocs.

Ainsi, à l'étage supérieur, le bloc devenait un tiers plus gros et, à l'étage inférieur, le volume de l'un des deux blocs était doublé. Nous augmentions donc la surface de frottement et nous rendions les poinçons plus lourds.

Ce croisement a une autre raison d'être. Les poinçons, avons-nous dit, sont placés sur deux plans verticaux qui sont les plans des deux leviers de droite. Ces deux leviers sont précisément ceux dont le travail est le plus considérable : or, en plaçant ces leviers dans les plans des poinçons, on a rendu leur action sur ces poinçons plus directe.

L'avantage du croisement, si petit qu'il soit, n'est pas à négliger ; car, dans un mécanisme fonctionnant avec une grande rapidité et par suite fatiguant beaucoup, il est indispensable de profiter de tous les avantages qui tendent à faciliter les mouvements rapides de ce mécanisme et à diminuer la fatigue résultant de cette rapidité.

Pour expliquer la formation des diverses combinaisons nécessaires pour la reproduction des signaux, nous disposerons séparément chaque étage de poinçons comme le représente la pl. III, *fig.* 1.

Pour le point, il nous faut la combinaison $\begin{smallmatrix}\bigcirc\\ \circ\\ \bigcirc\end{smallmatrix}$, c'est-à-dire un poinçon de grand diamètre à l'étage supérieur, un poinçon de petit diamètre au milieu et un troisième poinçon de grand diamètre à l'étage inférieur, tous les trois dans le même plan vertical, celui du levier du milieu. Le piston frappé sera, comme nous venons de le voir, celui de gauche, et le levier en relation avec ce piston sera précisément celui du milieu. Une fois en mouvement, ce levier rencontrera les goupilles *b*, *d* et *g* : les trois poinçons perforant seront donc le poinçon *h* à l'étage supérieur, le poinçon *j* à l'étage du milieu et le poinçon *l* à l'étage inférieur, tous les trois dans le plan du levier du milieu, c'est-à-dire dans le même plan vertical.

La combinaison perforée sera donc bien $\begin{smallmatrix}\bigcirc\\ \circ\\ \bigcirc\end{smallmatrix}$.

Pour le blanc, nous n'avons besoin que d'un seul poinçon, l'un des deux poinçons de l'étage du milieu, mais lequel ? — Dans l'entraînement du papier, la longueur de la bande qui sépare deux trous de la ligne médiane est égale à l'intervalle compris entre les deux plans verticaux occupés par les poinçons : or, dans la formation du signal précédent, le poinçon qui a perforé est celui qui se trouve dans le plan du levier du milieu. Le papier ayant avancé d'une longueur égale à l'intervalle qui sépare les deux poinçons *i* et *j*, le poinçon qui perforera l'espace blanc sera donc le même qui a perforé le trou de la ligne médiane dans la combinaison précédente. Ce sera donc le poinçon *j* situé dans le plan du levier du milieu, tandis que le levier fonctionnant pour ce signal sera le levier L^2. Mais n'oublions pas que le bloc portant le poinçon *j* possède deux goupilles. Le levier L^2 frappera la goupille *e* et le poinçon perforera.

Après cette nouvelle perforation, le papier s'est avancé, comme après le signal précédent ; de sorte que dans le signal suivant, le poinçon qui perforera le premier trou de la ligne médiane sera encore le poinçon *j*.

Pour le trait, il nous faut la combinaison O o o O, c'est-à-dire un trou perforé par un poinçon de l'étage supérieur ; au-dessous et dans le même plan, un petit trou perforé par un poinçon de l'étage du milieu. Nous venons de dire que le premier poinçon qui perforera le premier trou de la ligne médiane sera le poinçon *j*. Or, comme le trou de la ligne supérieure doit être dans le même plan, il nous faudra donc le poinçon *h* de l'étage supérieur ; en regardant la figure, nous voyons en effet que les poinçons *h* et *j* sont situés dans le même plan vertical, celui du levier du milieu.

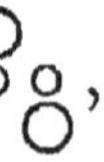

Il nous faut en outre, dans la combinaison représentant le trait, un second trou sur la ligne médiane, à droite et à égale distance des précédents, c'est-à-dire l'intervalle compris entre les poinçons *i* et *j*. Ce trou sera donc perforé par le poinçon *i* qui se trouve en effet à droite du poinçon *j*.

Enfin il nous faut un dernier trou perforé par l'un

des poinçons de l'étage inférieur et dans le mêne plan que le trou de la ligne médiane dont nous venons de parler, c'est-à-dire dans le plan du levier L^3 ; ce sera donc le poinçon *k*.

Examinons attentivement ce qui va se produire. Le levier L^3, dans son mouvement en avant, frappe les goupilles *a*, *c* et *f* situées dans son plan. La goupille *a* fait agir le poinçon *h* qui perfore le trou supérieur. La goupille *f* fait agir le poinçon *k* qui perfore le trou inférieur placé dans un autre plan que celui perforé par le poinçon *h*. Enfin la goupille de l'étage du milieu fera fonctionner le poinçon *i*. Mais nous savons que le bloc *p* est soudé à la plaque ovale ainsi que le poinçon *j*. Alors le bloc *o*, en poussant en avant la plaque ovale F, entraîne le bloc *p* et le poinçon *j* qui perforera en même temps que le poinçon *i*. Ces deux petits trous seront placés comme nous le désirions, l'un dans le plan du levier L^1 et l'autre dans le plan du levier L^3.

Tels sont les divers mouvements qui s'opèrent lorsque l'employé frappe l'un ou l'autre des trois pistons.

Remarquons que le poinçon *h* fonctionne dans les combinaisons trait et point; que le poinçon *i* n'agit que dans la combinaison trait; que le poinçon *j* perfore dans toutes les combinaisons; que le poinçon *k* ne fonctionne que dans la combinaison trait et qu'enfin le poinçon *l* ne perfore que dans la combinaison point. La pl. III de notre atlas nous montre, par ses lignes pointées, les mouvements des divers poinçons.

Les fonctions de la pièce ovale sont : 1° de ramener les poinçons en arrière sous l'action des ressorts à boudin *t*, *t'*; 2° d'entraîner le bloc *p* et le poinçon *j* dans la perforation du signal trait; 3° enfin de maintenir le parallélisme entre les poinçons et les tiges enveloppées par les ressorts à boudin *t* et *t'*.

II. *Progression.* — La mise en mouvement des pièces servant à la progression de la bande de papier s'opère par le jeu même des pistons et des leviers. L'entraînement du papier doit être régulier et il a lieu au moyen d'une petite roue dentée en acier que nous appellerons *roue d'entraînement*. Ses dents sont au nombre de *dix* et leur écartement est égal à l'intervalle compris entre deux trous de la ligne médiane de la bande de papier (pl. III, *fig.* 2 et 4). Elles ont la forme de pointes d'un diamètre égal au diamètre des trous de cette même ligne dans lesquels elles s'engagent.

Une ouverture rectangulaire pratiquée dans la plaque verticale CD, à gauche des poinçous, est bouchée hermétiquement par une petite plaque en cuivre P*a*, P*a'* (pl. I, *fig.* 4) sur laquelle est montée une fourchette également en cuivre (pl. III, *fig*, 3 et 4) qui porte la roue d'entraînement R°. Cette plaque P*a*, P*a'* est fixée au moyen de deux vis. Sur sa face postérieure sont implantées deux petites goupilles *go* qui s'engagent dans deux trous fraisés pratiqués dans la partie pleine de la fourchette. Le fraisement de ces deux trous permet à la fourchette de basculer sur ces goupilles lui servant pour ainsi dire d'axe. Les extrémités des deux branches sont munies de trous dans lesquels s'engage l'axe de la roue d'entraînement. Les dents traversent une fente *fe* pratiquée dans chacune des plaques H et H'. Elles rencontrent donc la bande de papier placée entré ces deux plaques et traversent les trous de la ligne médiane.

La branche inférieure de la fourchette se prolonge à gauche, de sorte que toute la pièce forme levier pivotant sur les deux goupilles *go*. Un ressort-lame R^t, recourbé deux fois à angle droit et fixé à gauche de la partie pleine de la fourchette au moyen d'une vis, appuie par son extrémité libre sur le bord opposé de cette partie pleine et sert à maintenir la fourchette dans une position fixe. Il empêche la roue d'entraînement de revenir en arrière et par conséquent les dents de cette roue de sortir de la fente dans laquelle elles sont engagées. Nous verrons plus loin l'utilité du prolongement à gauche de la branche inférieure de la fourchette.

Les extrémités des leviers $L^1 L^2 L^3$ qui font saillie au-dessus de la plaque horizontale AB portent en avant et de niveau avec la surface de cette plaque, chacun une entaille (pl. IV, *fig.* 1) dans laquelle passe un levier L*m* en acier fixé sur un manchon de même métal qui enveloppe la portée d'une vis V^2 autour de laquelle pivote par conséquent le levier L*m* (pl. III, *fig.* 2). Au point V^3 (*fig.* 5) il présente un renflement ; puis, en se rapprochant de son extrémité libre, sa largeur diminue petit à petit et enfin cette extrémité libre O, amincie, se recourbe en arrière, s'engage dans une longue échancrure pratiquée dans la tige PP' sur laquelle nous aurons à revenir et vient buter contre le bord postérieur de cette échancrure.

Le renflement V^3 est percé d'un trou qui reçoit une vis à portée servant de pivot à l'extrémité de l'une des branches d'un second levier L*p*, également en acier, recourbé à angle droit et que nous désignerons sous le nom de *levier de progression.* Cette branche est percée d'un trou dans lequel s'engage un anneau A*n* accroché d'autre part à l'extrémité libre d'un ressort-lame assez fort R, appelé *ressort antagoniste*, et qui lui-même est fixé, au moyen de deux vis $v^2\,v^3$, sur la partie verticale d'une petite équerre en cuivre X vissée sur la grande plaque.

Les deux branches du levier de progression sont, comme on peut s'en rendre compte en examinant la figure, d'inégale longueur. La petite branche que nous venons de décrire en partie, présente un bord rectiligne venant s'appuyer contre une vis d'arrêt N', sous l'action du ressort antagoniste R. L'autre branche *s'* avance vers la fourchette qui porte la roue d'entraînement. A quelques millimètres de son extrémité libre est percé un trou dans lequel s'engage une vis V^4 servant de pivot à l'extrémité d'une petite pièce en acier que nous appellerons le *cliquet.* Ce cliquet est recourbé et présente en avant un angle JNK très-ouvert. Le côté J de cet angle est parallèle à la plaque verticale CD ; l'autre côté s'avance vers la roue d'entraînement et se termine par deux petites dents aiguës, s'engageant dans les dents de la roue d'entraînement.

Sur le bloc en cuivre DE situé dans l'intérieur de la boîte et que traverse l'axe commun des trois leviers, est vissé un autre bloc de même métal Q. Sur la face antérieure de ce bloc est fixé un ressort-lame, qui traverse le fond de la boîte et remonte au-dessus de la plaque horizontale (pl. IV, *fig.* 2). Son extrémité supérieure se termine par une petite tige servant de pivot à un galet *ga* maintenu au moyen d'une petite cheville métallique. Ce galet vient s'appuyer, sous l'action du ressort qui le porte, contre la surface postérieure de la branche J du cliquet. Grâce à cette pression, les deux dents du cliquet restent sans cesse engagées dans les dents de la roue d'entraînement. De plus le cliquet est maintenu dans une position horizontale et dans le plan même des dents de la roue d'entraînement par les deux joues *x* et *y* du galet. Une vis butoir N, portée par une pièce en cuivre M vissée sur la plaque horizontale, empêche la branche oblique du cliquet de se porter trop à droite. Nous verrons l'utilité de ce butoir lorsque nous parlerons du réglage du perforateur.

Au repos, toutes les pièces servant à l'entraînement du papier occupent les positions suivantes :

Le levier L*m*, sous l'action du ressort antagoniste, s'appuie par son extrémité libre contre le bord postérieur de l'entaille de la tige PP'.

Le levier de progression, sous l'action également du ressort antagoniste, s'appuie, par sa partie rectiligne, contre la vis d'arrêt N'. La petite branche de ce levier est alors parallèle au levier L*m*. La grande branche s'avance vers la fourchette de la roue d'entraînement, perpendiculairement au levier L*m*. Les dents du cliquet sont engagées dans les dents de la roue d'entraînement et maintenues dans cette position par la pression du galet et par le butoir N sur lequel s'appuie la branche oblique sous l'action du ressort antagoniste qui se communique au cliquet, par l'intermédiaire du levier de progression.

La roue d'entraînement est engagée dans la fente des

plaques H et H' et ses dents traversent les trous de la ligne médiane de la bande de papier.

Lorsque l'un des leviers perforateurs frappe les goupilles placées devant lui, le levier L*m* pivote autour du point V^2 et son extrémité libre O quitte le bord postérieur de l'entaille. Un premier mouvement a donc lieu d'arrière en avant. L'extrémité du petit bras du levier de progression suit ce mouvement ; mais sous l'action du ressort antagoniste, la partie rectiligne de cette branche reste en contact avec la vis d'arrêt N'. Ce levier pivote donc autour de cet arrêt, comme s'il était articulé en cet endroit. L'extrémité V^3 s'étant portée en avant, le grand bras se porte à gauche. Le cliquet suit évidemment ce mouvement et la dent K saute par-dessus la dent de la roue d'entraînement. La branche horizontale du cliquet repousse d'abord le galet en arrière ; mais aussitôt que la dent du cliquet a franchi le sommet de la dent de la roue d'entraînement, le ressort du galet réagit contre la branche J et maintient de nouveau le cliquet engagé entre deux dents de la roue d'entraînement. La branche oblique a dès lors quitté le butoir.

Tous ces mouvements s'exécutent pendant que le levier qui a frappé les goupilles opère son mouvement d'arrière en avant. Voyons maintenant le second mouvement, c'est-à-dire le retour à l'état de repos.

Lorsque le marteau qui a frappé le piston se relève, le levier correspondant reprend sa position de repos, c'est-à-dire que son extrémité, qui avait exécuté un mouvement d'arrière en avant, opère maintenant un mouvement d'avant en arrière. Le ressort antagoniste se redresse, entraînant d'abord la branche V^3 du levier de progression, ainsi que le levier Lm dont l'extrémité libre vient buter de nouveau contre le bord postérieur de l'échancrure de la tige PP'. Le levier de progression pivote donc en sens contraire du premier mouvement autour de l'arrêt N'; l'extrémité qui porte le cliquet, et qui s'était portée à gauche, reprend sa position de repos.

Nous avons dit que la dent du cliquet, par suite du premier mouvement, avait passé au-dessus de la dent de la roue d'entraînement; elle est donc maintenant engagée dans l'intervalle de deux dents. Pour que le cliquet revienne s'appuyer contre le butoir, il faut absolument que la roue d'entraînement cède; c'est ce qui arrive en effet. Elle tourne de gauche à droite dans le sens de la flèche f et la dent engagée dans la bande de papier entraîne cette bande qui s'avance de droite à gauche d'une longueur égale à l'intervalle de deux dents de la roue d'entraînement.

On pourrait se demander comment, dans le premier mouvement, la dent du cliquet n'entraîne pas vers la gauche la dent de la roue d'entraînement et, par suite, la roue elle-même, ce qui ferait reculer la bande de papier de gauche à droite. Nous verrons bientôt qu'il n'en est rien, car au moment même où le saut du cliquet s'opère, la bande de papier est traversée par les poinçons, et, par conséquent, les dents de la roue d'entraînement engagées dans les trous de la bande perforés précédemment, sont maintenues dans une position fixe par la bande elle-même.

Jusqu'ici nous avons pris indifféremment, comme

faisant fonctionner tout le mécanisme de progression du papier, l'une ou l'autre des extrémités des trois leviers L^1,L^2,L^3. Mais il y a une différence à établir pour le levier L^3, c'est-à-dire le levier du piston trait.

Si nous nous reportons aux diverses combinaisons de trous qui forment chaque signal, nous voyons que, dans le signal trait, les quatre trous disposés sur deux lignes verticales occupent sur la bande un espace double de celui occupé par le signal point ou le signal blanc. Il faut donc qu'après la perforation du signal trait, la bande de papier avance d'une longueur double : voici comment ce double entraînement se produit.

A l'intérieur de la boîte, au-dessous du grand bras du levier trait L^3 (pl. II, *fig.* 2 et pl. IV, *fig.* 2) et vers son milieu, est fixée une tige T qui, d'abord recourbée, se relève verticalement, traverse une ouverture pratiquée dans la plaque horizontale AB, à droite des poinçons, et s'arrête vers le milieu de la plaque verticale CD. Son extrémité supérieure s'articule en V^5 avec l'extrémité de l'un des bras d'un levier L*d* de forme particulière. Sur la face postérieure de la plaque verticale, à droite des poinçons, est vissé un support en cuivre portant à son extrémité inférieure V^6 une petite goupille qui sert d'axe au levier L*d*. L'un des bras est rectiligne ; l'autre monte le long de la plaque verticale, jusqu'à sa partie supérieure, se recourbe aussitôt et, après avoir passé au-dessus des poinçons, redescend obliquement de l'autre côté, jusqu'au delà du levier de progression. Arrivé au-dessus de la tige PP', il redescend verticalement et s'arrête enfin un peu au-dessous du plan horizontal dans lequel se meut le levier de progression. Nous l'appellerons *levier de dégagement*. Il se meut dans un plan parallèle à la plaque CD.

Les divers mouvements qu'exécutent les pièces servant à l'avancement du papier sont les mêmes pour les deux combinaisons point et espace blanc. Il est facile de concevoir que sous le choc violent du marteau qui se communique au levier de progression et au cliquet, ce levier, s'il n'était arrêté dans sa marche rapide de droite à gauche, pourrait aller trop loin et que, par suite, le cliquet pourrait sauter par-dessus deux et même trois dents à la fois de la roue d'entraînement. Or, pendant la formation des signaux point et espace blanc, le cliquet ne devant exécuter qu'un seul saut, il faut absolument limiter le jeu du levier de progression. La partie verticale qui termine l'extrémité libre du levier de dégagement n'a pas d'autre utilité. Descendant en effet, comme nous l'avons dit plus haut, un peu au-dessous du plan horizontal dans lequel se meut le levier de progression, cette extrémité du levier de dégagement l'arrêtera s'il a une tendance à dépasser la limite qui lui est assignée, et par conséquent le cliquet ne pourra faire qu'un saut.

Pour le trait, il n'en est pas ainsi. Il faut, en effet, que le cliquet exécute un double saut, puisque l'espace occupé sur la bande par la combinaison trait est double de celui occupé par les autres combinaisons. L'extrémité libre du levier de dégagement devra donc se dérober pour que le cliquet puisse exécuter son double saut. Voici ce qui se passe : le grand bras du levier trait s'abaissant, lorsque le piston correspondant est frappé, entraîne la tige T. Le bras rectiligne du levier de dégagement s'abaisse, tandis que le bras recourbé se relève. Le levier de progression ne rencontrant plus d'obstacle se porte plus à gauche et le cliquet saute par-dessus deux dents de la roue d'entraînement.

Une disposition spéciale facilite ce mouvement prononcé du levier de progression vers la gauche. Si nous nous reportons au levier L*m*, nous avons le point d'appui en V^2; la puissance est représentée par l'un des leviers L^1, L^2 ou L^3 et la résistance est au point R. Selon que le mouvement est donné au levier L*m* par l'un des trois leviers L^1, L^2, L^3, la puissance se rapproche plus ou moins du point d'appui. Or le chemin que chaque levier perforateur doit parcourir dans le premier mouvement est le même pour les trois leviers; il est donc évident que plus le levier perforateur se rapprochera du point d'appui, plus le chemin parcouru d'arrière en avant par le point R sera grand. L'explication de la *fig.* 5 (pl. IV) nous le fera comprendre plus facilement.

Soit une ligne RA pouvant tourner autour du point A et représentant le levier L*m*. Soient en outre les trois leviers perforateurs représentés par les lames L^2a, L^1b, L^3c. Menons une ligne CB parallèle à RA. La ligne OH représentera la distance que les trois leviers ont à parcourir dans leur premier mouvement.

Le levier L^2a s'avancera jusqu'en a'; la ligne RA viendra donc en DA.

Le levier L^1b s'avancera jusqu'en b', et la ligne RA coïncidera avec la ligne AE.

Le levier L^3c s'avancera jusqu'en c', et la ligne RA deviendra AF.

Dans le premier cas, le point R a parcouru la distance

Rd; dans le second cas, Rd + de; dans le troisième cas, celui du levier L^3c ou levier trait, Rd + de + ef.

Quand donc le levier trait fait mouvoir le levier Lm, le point V^3 se porte beaucoup plus en avant que sous l'action du levier point ou blanc. Par conséquent le bras Lp du levier de progression se portera plus à gauche.

Cependant la course du levier de progression doit être encore limitée; car si le cliquet sautait par-dessus trois dents de la roue d'entraînement, il n'y aurait plus de régularité dans la marche en avant de la bande de papier. C'est dans ce but qu'une petite goupille x' a été fixée à gauche de la tige PP' à une distance calculée du levier de progression.

La course du levier de progression est donc limitée, pendant la formation des signaux point et blanc, par l'extrémité verticale du levier de dégagement et, pendant la formation du signal trait, par la petite goupille x'.

Nous avons étudié séparément les divers mouvements qui s'exécutent pour arriver aux deux résultats : *perforation du papier*, *progression du papier*. Il nous reste à établir l'ordre dans lequel s'opèrent ces mouvements considérés dans leur ensemble.

1° *Perforation.*—Les poinçons agissent les premiers, avant même que les leviers perforateurs aient terminé leur premier mouvement. En effet, à l'état de repos, l'extrémité libre des poinçons étant de niveau avec la surface antérieure de la petite plaque H, aussitôt que l'impulsion leur est donnée, ils traversent la bande. La perforation a même lieu avant que le levier Lm ait subi le moindre déplacement, à cause de la profondeur de l'entaille *o* des leviers perforateurs.

2° *Maintien de la bande dans une position fixe.* — Cette position est établie en effet, puisque les poinçons sont engagés dans les trous perforés.

3° *Saut du cliquet.* — Nous savons que le saut du cliquet n'est possible qu'autant que la roue d'entraînement ne peut se déplacer. Or les dents de cette roue étant engagées dans les trous de la ligne médiane de la bande et, en même temps, les poinçons maintenant cette bande dans une position fixe, le cliquet pourra donc fonctionner.

4° *Recul des poinçons.* — La perforation opérée et le saut du cliquet exécuté, les leviers perforateurs accomplissent leur second mouvement; puis les poinçons repoussés en arrière par la double action des ressorts à boudin *t* et *t'* abandonnent la bande de papier : nous avons alors la

5° *Progression du papier.*—En effet, la bande n'étant plus retenue par les poinçons, ne peut maintenir la roue d'entraînement qui, cédant sous la pression du cliquet, sollicité lui-même par l'action du ressort antagoniste, tourne dans le sens de la flèche *f*. La bande avance alors d'une ou de deux divisions, selon que le cliquet a exécuté un saut unique ou double.

Ces cinq fonctions qui, vu la rapidité des mouvements, paraissent simultanées, sont cependant bien distinctes. Il est facile de s'en rendre compte en faisant fonctionner lentement le mécanisme.

Là se termine l'étude des fonctions que le mécanisme du perforateur doit remplir. Il nous reste à examiner les diverses pièces qui, sans concourir à la perforation ni à la progression du papier, ont cependant leur utilité.

Nous avons d'abord la tige PP′ dont nous nous sommes occupé déjà. Nous savons qu'elle porte une large échancrure dans laquelle se meut l'extrémité libre du levier L*m*. Nous savons aussi qu'elle s'appuie en avant sur le prolongement à gauche de la branche inférieure de la fourchette qui porte la roue d'entraînement. Elle est maintenue au moyen de deux colliers qu'elle traverse, vissés près du bord de gauche de la plaque horizontale AB. Voici son utilité.

Nous avons vu que les deux petites plaques H et H′ fixées sur la face antérieure de la plaque verticale CD sont munies de biseaux placés l'un en face de l'autre. Le but de cette disposition est de faciliter l'entrée de la bande de papier entre les deux plaques H et H′. Nous avons vu également que les dents de la roue d'entraînement traversent ces deux plaques et, à plus forte raison, l'espace qui les sépare. Or la bande de papier engagée entre ces deux plaques ne pourrait sortir de l'autre côté tant que les dents de la roue d'entraînement seraient là. Il faut donc faire disparaître cet obstacle. On y parvient au moyen de la tige PP′. On appuie sur son extrémité postérieure. Cette pression se transmet au prolongement de la branche inférieure de la fourchette, la fait basculer, c'est-à-dire que son prolongement se porte en avant, tandis que la roue d'entraînement se porte en arrière. Les dents de cette roue sortent donc des fentes des plaques et l'intervalle réservé entre ces deux plaques se trouve complétement libre. La bande peut donc passer.

A droite des poinçons, vers le milieu de la plaque horizontale, se trouve, perpendiculairement aux poinçons, un levier en cuivre qui peut pivoter autour d'une vis à portée V^7 (pl. III, *fig.* 2). L'un des bras s'avance vers les poinçons et son extrémité vient se placer à quelques millimètres en avant de la pièce ovale F. Une tige P*o*P'*o* traversant l'équerre X qui supporte le ressort antagoniste, vient s'appuyer contre la face postérieure de l'autre bras. Il arrive quelquefois, pour une cause ou pour une autre, que les poinçons ne reviennent pas à leur position de repos, après que les leviers perforateurs ont exécuté leur second mouvement. L'employé peut le constater, lorsque la bande de papier arrêtée ne peut avancer ni reculer, quand on la tire à gauche ou à droite. Pour ramener les poinçons en arrière, il suffit d'appuyer sur l'extrémité postérieure de la tige P*o*P'*o*. Cette tige fait basculer le levier dont l'extrémité repousse en arrière la pièce ovale F, et par conséquent les blocs des poinçons. La bande se trouve donc complétement dégagée.

En avant des deux plaques à biseau H, H', le fond de la boîte est percé d'un trou circulaire par où tombent les débris de la perforation (pl. II, *fig.* 4). Pour empêcher ces débris d'être projetés en avant, ou plutôt dans un but de propreté, ce trou est recouvert d'un cylindre creux en cuivre, ouvert à sa partie inférieure, fermé à sa partie supérieure (*fig.* 5) et fixé sur le fond de la boîte au moyen de deux vis (pl. I, *fig.* 2) qui traversent un rebord circulaire situé à sa partie inférieure. Ce cylindre est coupé dans le sens de sa longueur de façon à présenter une section verticale (pl. II, *fig.* 5) dont les bords viennent encadrer la partie de la plaque antérieure où se présentent les extrémités des poinçons. Les débris de la perforation sont lancés contre les parois de ce cylindre et retombent au-dessous de la boîte.

A droite de ce cylindre et près du bord supérieur de la plaque verticale CD (pl. II, *fig.* 1), se trouve une vis à tête longue *b*. Au-dessous de cette vis est pratiquée dans la partie inférieure de la plaque verticale une petite ouverture oblongue *ob* (pl. I, *fig.* 4) que traverse une tige en acier *ti* (pl. II, *fig.* 1) dont l'extrémité antérieure, recourbée un peu à droite, dépasse d'environ 2 centimètres la plaque verticale, et dont l'extrémité postérieure, élargie, s'engage dans une échancrure que présente l'équerre en cuivre I (pl. III, *fig.* 2). Une petite goupille *o'* traverse l'équerre et l'extrémité postérieure de la tige qui pivote autour de cette goupille. Un petit ressort-lame *rt*, fixé sur la plaque horizontale AB, s'engage au-dessous de la tige *ti* et exerce sans cesse sur elle une légère pression de bas en haut. Cette tige et la vis *b* sont les guides de la bande de papier. La vis *b* est fixe, tandis que la tige presse légèrement la bande contre cette vis et lui donne une direction toujours invariable.

A droite de la plaque horizontale se trouve un petit cylindre vertical en bois C*y* (pl. I, *fig.* 2 et pl. II, *fig.* 1) tournant autour d'une vis-pivot portée par l'extrémité antérieure d'une plaque en fer P*l* dont l'autre extrémité est soudée à une petite tige pénétrant à l'intérieur de la boîte et enveloppée, au-dessous du fond de la boîte, d'un ressort à boudin ayant pour but de maintenir la plaque *Pl* en contact avec une petite goupille *gi* implantée à droite de la plaque *Pl*. De l'autre côté de la plaque se trouve une autre goupille *gi'*. Ces deux goupilles limitent la course de la plaque *Pl*. La bande de papier, avant de pénétrer entre les deux plaques H et H', passe à droite de ce cylindre et décrit un angle à peu près droit. Si le sommet de cet angle présentait à la bande de papier une arête trop vive, la progression se ferait mal. La bande, tirée brusquement par le mécanisme d'entraînement, doit vaincre la résistance offerte par le rouet qui porte le rouleau de papier, et le poids assez lourd de ce rouleau. Lorsque la bande résiste, elle presse contre le cylindre qui tourne autour de son axe, sous la pression de la bande, et se rapproche de la plaque verticale en tendant le ressort à boudin; puis ce ressort réagit et ramène le cylindre vers la droite. Ce mouvement du cylindre tire la bande de papier et prépare pour la perforation suivante une longueur de bande débarrassée de toute la résistance que pourrait lui opposer le rouet. Cette disposition facilite donc la progression du papier.

Un couvercle en cuivre enveloppe hermétiquement le mécanisme de perforation et de progression, afin de le préserver de la poussière et des chocs de l'extérieur. Il n'a que trois côtés; la plaque verticale tient lieu du quatrième. Il est maintenu au moyen d'une petite tige en fer qui traverse le fond de la boîte et s'engage dans une encoche pratiquée sur le bord inférieur du côté droit du couvercle. Cette tige est fixée inférieurement sur l'extrémité libre d'un ressort-lame *rl* (pl. II, *fig.* 2) vissé sur le massif en cuivre que traverse l'axe commun des trois leviers perforateurs. L'action de ce ressort-lame s'exerce de bas en haut et maintient la tige sans cesse engagée dans l'encoche. Le côté postérieur du couvercle est percé de deux trous dans lesquels s'engagent les deux tiges PP' et P*o* P*o'* qui dépassent en arrière. Cette disposition permet de faire fonctionner ces tiges sans déplacer le couvercle.

Le perforateur repose sur une boîte en bois dont il est pour ainsi dire le couvercle. Cette boîte possède un tiroir dans lequel tombent les débris de la perforation. Derrière le perforateur est placée une autre boîte divisée en deux compartiments superposés. Le compartiment inférieur n'est autre chose qu'un tiroir de resserre et le compartiment supérieur renferme le rouet sur lequel est placé le rouleau de papier à perforer. Une planchette-pupitre fixée, au moyen de deux charnières, sur le bord antérieur de cette boîte, peut s'élever ou s'abaisser à volonté, grâce à une crémaillère en cuivre que porte l'un de ses côtés. Le rouet tourne dans un plan horizontal. Une ouverture située dans le même plan est pratiquée à droite dans le côté antérieur de ce compartiment. La bande de papier traverse cette ouverture, s'avance vers le cylindre de bois, passe à droite de ce cylindre et de là se dirige vers les plaques H et H'.

La *fig.* 1 (pl. I) nous représente le perforateur avec sa boîte-support et son pupitre.

Le marteau est en bois et a la forme représentée par la *fig.* 4 (pl. IV), c'est-à-dire une poignée, puis un renflement à sa partie inférieure qui se termine par un morceau de caoutchouc destiné à amortir le choc que produirait une matière dure contre une autre matière dure, ce qui fatiguerait très-vite la main de l'opérateur. La *fig.* 4 nous montre une coupe de ce marteau, et la *fig.* 3 la manière la plus commode de le tenir pour arriver sans fatigue à une perforation rapide.

PERFORATEUR PNEUMATIQUE

La perforation, au moyen des marteaux, ne convient pas à tous les tempéraments. Les secousses multipliées qu'elle occasionne la rendent même pénible pour l'employé d'un certain âge. L'employé jeune peut, sans trop de fatigue, soutenir pendant trois ou quatre heures un travail rapide ; mais, avec l'âge, le travail devient beaucoup plus lent. Le cas a été prévu et, dans les bureaux où l'on fait usage de la pression de l'air pour le service des tubes atmosphériques, on remplace le marteau par un piston soumis à cette pression. En second lieu, l'idée est venue de perforer du même coup trois et même quatre bandes superposées permettant de transmettre le même télégramme, circulaire ou dépêche de presse, dans plusieurs directions à la fois. On arrive sans difficulté à ce résultat avec l'aide de l'air comprimé et d'un appareil pneumatique spécial dont nous nous occuperons maintenant.

La partie antérieure de la boîte déjà décrite, sur laquelle repose le perforateur, est modifiée. Le tiroir est enlevé et le fond de la boîte se prolonge en avant.

A travers l'ouverture laissée libre par l'enlèvement du tiroir, passent trois touches semblables aux touches d'un piano. Elles sont en bois et la partie qui se trouve en dehors de la boîte est recouverte d'ivoire. Elles sont fixées en arrière sur le fond de la boîte, au moyen de charnières autour desquelles elles pivotent. Sur la face supérieure de chaque touche et en arrière, est fixé, au moyen de vis, un ressort-lame en cuivre R (pl. VII, *fig.* 1) qui d'abord se relève, puis s'avance, parallèlement à la touche, jusqu'au bord antérieur de la boîte, taillé en biseau en cet endroit. L'extrémité libre de ce ressort-lame est fendu et supporte une tige T qui s'élève verticalement au-dessus de la boîte, après en avoir traversé librement le bord antérieur. Au-dessous de l'extrémité postérieure de chaque touche vient presser un autre ressort-lame R' fixé d'autre part sur le fond de la boîte, au moyen d'une vis V', et dont l'action sur la touche s'exerce de bas en haut, c'est-à-dire la relève, lorsqu'elle est abandonnée par le doigt qui l'avait abaissée. La pression de ce ressort-lame R' sur la partie postérieure de la touche rend l'abaissement de la touche beaucoup moins pénible que si elle avait lieu sur la partie antérieure.

La boîte est divisée en deux compartiments par une cloison oblique C*l*, et le compartiment postérieur présente inférieurement une large ouverture par où s'échappent les débris de la perforation.

Sur les côtés de la boîte, près des touches, sont vissées deux plaques AB et A'B' (pl. V, *fig.* 2) qui supportent, au moyen de fortes vis V, V', un bloc pesant ou boîte en cuivre CDE divisé en deux parties principales par une cloison *a*, l'une supérieure et l'autre inférieure.

La partie supérieure s'étend sur toute la longueur de la boîte et forme un long compartiment que nous appellerons la *chambre à air*. L'air comprimé y pénètre par l'une ou l'autre des deux ouvertures E*b*, E*b'* pratiquées sur les côtés et que l'on peut fermer hermétiquement au moyen d'écrous-bouchons.

La partie inférieure est divisée en trois parties dont chacune se compose uniquement d'un cylindre ou corps de pompe, ouvert à sa partie inférieure, et dans lequel se meut un piston en cuivre que nous appellerons *piston pneumatique* P et dont la circonférence est recouverte d'une rondelle de cuir, afin de remplir exactement le cylindre. La tige *b* du piston, également en cuivre, est creuse et enveloppée d'un ressort à boudin *r* assez fort, pressé entre la tête du piston et une plaque en cuivre FF' que traversent les trois tiges et qui est fixée en dessous de la boîte, à une petite distance de sa face inférieure, au moyen de deux vis v'', v''' traversant deux manchons en cuivre *m* et *m'*. L'extrémité inférieure de la tige *b* du piston reçoit un bouchon en caoutchouc sous lequel vient se placer l'un des pistons *p* du perforateur. L'extrémité supérieure se termine également par un bouchon en caoutchouc destiné à empêcher le bruit désagréable qui se produirait chaque fois que le piston, en se relevant, viendrait buter contre le fond du corps de pompe. Un manchon en cuivre *n* enveloppe le ressort à boudin dans l'intervalle qui sépare la plaque FF' du fond de la boîte.

Sur chacun des trois plans verticaux perpendiculaires à la face antérieure du bloc CDE et passant par le centre de chaque piston est pratiquée une ouverture, circulaire O communiquant avec la chambre à air. Immédiatement au-dessous de chaque ouverture et sur une même ligne horizontale, se trouve une série de trous *oo'* d'un diamètre beaucoup plus petit et communiquant avec le cylindre pneumatique, au-dessus du piston du même nom.

Le centre de chaque piston pneumatique est situé sur une ligne verticale passant également par le centre du piston perforateur correspondant.

Sur la face antérieure de la boîte en fonte sont fixés (*fig.* 1 et 2), au moyen de vis, trois cylindres, GH, KL, MN, en cuivre, faisant corps chacun avec une plaque de même métal qui s'applique exactement contre la boîte. Toutes les ouvertures grandes ou petites O, *o* et *o'* pratiquées sur la face antérieure de la boîte CDE, se prolongent à travers les plaques et leurs cylindres, comme le représente la *fig.* 2 (pl. VI).

Dans chaque cylindre se meut un piston I de forme particulière, appelé *piston-tiroir*, à cause de l'analogie existant entre ses fonctions et celles du tiroir d'une machine à vapeur. Ce n'est autre chose qu'un cylindre en acier, plein, suffisamment long, d'un diamètre plus petit que celui du cylindre creux dans lequel il fonctionne, mais présentant à ses extrémités deux épaulements *e*, *e'* (pl. VI, *fig.* 2) circulaires et d'un diamètre égal à celui du cylindre creux. Il est supporté par la tige en acier T dont nous avons parlé plus haut (pl. VII, *fig.* 1) et que soutient l'extrémité du ressort-lame R vissé sur la touche correspondante. Cette tige traverse librement le piston. Son extrémité supérieure (pl. VI, *fig.* 7), amincie, présente un épaulement circulaire sur lequel repose le piston dont l'ouverture est moins large en haut qu'en bas (*fig.* 5) et qui est maintenu dans cette position par deux petits écrous superposés à l'extrémité de la tige. Le piston présente donc trois parties distinctes et qu'il est essentiel de bien connaître :

1° Un épaulement supérieur *e* remplissant exactement le cylindre;

2° Une partie centrale d'un diamètre plus petit;

3° Un épaulement inférieur *e'* remplissant également le cylindre.

A l'état de repos, toutes ces pièces occupent les positions suivantes. (Nous ne parlerons que d'un seul piston, car ce que l'on peut dire de l'un s'applique également aux deux autres.) La touche est soulevée par l'action du ressort R'. Le piston perforateur subit également l'action du ressort à boudin qui le presse de bas en haut. Le piston pneumatique s'appuie par son bouchon supérieur contre la cloison de la chambre à air, grâce à l'action du ressort à boudin *r*. La longueur de la tige T, calculée en conséquence, maintient le piston-tiroir I dans une position fixe et de façon que la grande ouverture O (pl. VI, *fig.* 3) se trouve seule entre les deux épaulements *e* et *e'*. L'air comprimé qui entre dans la chambre à air par l'une des ouvertures E*b*, E*b'*, traverse la grande ouverture O, arrive dans le cylindre GH et se répand autour du piston-tiroir, mais entre les deux épaulements seulement, puisque ces deux épaulements remplissent exactement le cylindre. La pression de l'air étant la même sur les deux épaulements, le piston reste immobile.

Lorsqu'on abaisse la touche, le ressort-lame R s'abaisse en même temps et entraîne la tige T qui fait descendre le piston-tiroir I dans son cylindre. L'épaulement inférieur *e'* se trouve alors au-dessous des petits trous *o*, *o'* communiquant avec le cylindre pneumatique (*fig.* 4). L'air comprimé trouvant une issue, traverse ces trous et se rend dans le cylindre pneumatique. La pression de l'air s'exerce sur la face supérieure du piston pneumatique qui s'abaisse tout à coup, et l'extrémité inférieure de sa tige vient violemment frapper le piston perforateur et remplacer ainsi le coup de marteau donné par la main de l'employé.

Dès que le doigt abandonne la touche, le ressort-lame inférieur la relève et avec elle la tige et le piston-tiroir. L'épaulement *e'* revient se placer au-dessus de la rangée de petits trous *o*, *o'* et l'air comprimé se trouve de nouveau arrêté par les deux épaulements. Le ressort à boudin *r* relève le piston pneumatique et l'air, qui se trouvait au-dessus du piston, s'échappe par les petits trous *o*, *o'* qui, comme nous venons de le voir, se trouvent maintenant au-dessous de l'épaulement inférienr. D'un autre côté, le piston perforateur se relève et la position de repos est rétablie.

Remarquons que la tige du piston pneumatique dépasse en haut la tête de ce piston. A ce prolongement vient encore s'ajouter le bouchon de caoutchouc *c*. Cette disposition est de toute nécessité, car si la tête du piston venait s'appliquer exactement contre la cloison qui la sépare de la chambre à air, l'air comprimé ne pourrait se répandre au-dessus de ce piston et le faire fonctionner.

Le corps de pompe dans lequel se meut le piston pneumatique est tapissé d'un cylindre de verre offrant un poli plus parfait au frottement du piston.

Un tablier en tôle protége antérieurement tout l'appareil. Il encadre les trois touches et remonte jusqu'au-dessus de la boîte en fonte où il est fixé, au moyen de deux vis à main, après s'être recourbé à angle droit (pl. VII, *fig*. 3).

On fait arriver l'air comprimé dans la salle de travail au moyen d'un tuyau en plomb auquel on adapte un robinet placé à la portée de l'employé et servant à régler le degré de pression nécessaire au fonctionnement régulier de l'appareil pneumatique. Un tube de caoutchouc, vissé d'un côté au robinet et de l'autre à la chambre à air, conduit l'air comprimé dans cette chambre. On adapte au tuyau en plomb un petit tube communiquant avec un manomètre qui indique les divers degré de pression employée.

Cet appareil pneumatique a été perfectionné avec succès par M. Aylmer, ingénieur civil et représentant de M. Wheatstone à Paris.

Les charnières des touches ont été remplacées par un axe commun aux trois touches S (pl. VII, *fig*. 2).

Les tiges T, dont les extrémités inférieures s'engageaient par leurs entailles dans les fentes terminales des ressorts-lames R, sont maintenant fixées à l'extrémité du ressort, au moyen de deux plaques d'acier soudées l'une au-dessus et l'autre au-dessous du ressort. Cette modification était indispensable, car souvent la tige s'échappait de la fente dont les bords s'usaient rapidement.

Sous la partie antérieure du perforateur, M. Aylmer a placé, de chaque côté de la boîte et à l'intérieur, deux excentriques en cuivre Ex, montés sur un manchon que traverse un axe S′ s'appuyant à gauche sur le côté de la boîte en bois et traversant librement le côté opposé, en dehors duquel il se termine par un bouton en forme de vis à main. Le manchon est rendu solidaire de l'axe, au moyen d'une cheville qui les traverse l'un et l'autre. Nous verrons l'utilité de ces excentriques dans le chapitre qui traitera du réglage des appareils.

Dans les anciens modèles, toute la partie comprise entre la boîte en cuivre et la plaque FF′ (pl. V) était à découvert. La poussière pénétrait dans l'intérieur du cylindre pneumatique et nuisait au mouvement régulier du piston. Une feuille en cuivre recouvre maintenant toute cette partie.

Les pistons-tiroirs étaient primitivement en acier. Le frottement des pistons contre les parois du cylindre amenait de l'usure et des fuites d'air se manifestaient. L'acier a été remplacé par l'ébonite, qui s'use beaucoup moins vite. Le trou creusé dans toute la longueur du piston et que traverse la tige T est tapissé d'un cylindre de cuivre à épaulement intérieur, reposant sur l'épaulement circulaire présenté par l'extrémité de la tige T, absolument comme dans l'ancien modèle (pl. VI, *fig.* 6).

Les cylindres renfermant les pistons-tiroirs formaient avec leurs plaques respectives trois pièces séparées. Dans les nouveaux modèles, ces cylindres sont taillés dans un même bloc en cuivre fixé sur la boîte en fonte CDE au moyen de deux fortes vis, au lieu de six.

Enfin le tablier est divisé en deux parties séparées, l'une verticale et antérieure, maintenue au moyen de quatre vis; l'autre supérieure et horizontale, serrée sur la boîte en fonte au moyen de deux vis à main.

La *fig*. 3, pl. VII, nous montre une vue d'ensemble du perforateur pneumatique.

TRANSMETTEUR

Le transmetteur est l'appareil le plus important du système automatique de M. Wheatstone. C'est lui qui reçoit la bande perforée, la fait dérouler et envoie sur la ligne toutes les émissions qui doivent reproduire à la station correspondante les signaux du système Morse. Il règle la vitesse de transmission. Ses mouvements sont très-rapides, et cette rapidité n'est limitée que par l'état électrique du fil conducteur.

Nous aurons deux transmetteurs à étudier, l'ancien et le nouveau modèle. On ne construit plus, il est vrai, de transmetteur ancien modèle; mais la station centrale de Paris possédant deux de ces appareils en service, il est de toute nécessité que l'employé qui les dessert les connaisse à fond. Occupons-nous d'abord de ce transmetteur ancien modèle. Pour en faciliter l'étude, nous le diviserons en deux parties principales, savoir :

1° Le mouvement d'horlogerie;

2° Le mécanisme de transmission.

TRANSMETTEUR ANCIEN MODÈLE

1° Mouvement d'horlogerie.

Entre deux plaques rectangulaires PP′ et P″P‴ (pl. IX, transmetteur vu d'en haut) en cuivre, verticales et parallèles, appelées platines, montées sur un bâti en bois (pl. VIII), sont encastrés neuf axes horizontaux en fer. Quatre forts boulons en cuivre maintiennent le parallélisme des deux platines serrées contre les extrémités des boulons au moyen de fortes vis. Les deux boulons inférieurs sont fixés sur le bâti au moyen de deux grosses vis qui traversent le bâti et les boulons.

Le premier axe à droite A^1 est le plus fort. Il traverse les deux platines qu'il dépasse en avant et en arrière. En avant, il prend la forme d'un carré qui, au moyen d'une clef, sert à remonter le poids moteur. La partie de l'axe comprise entre les deux platines est enveloppée, à frottement doux, d'un manchon en cuivre très-épais M qui porte, en arrière, une roue dentée, et en avant, une autre roue à gorge coupée en deux parties égales, suivant un plan passant par le milieu de la gorge et perpendiculaire à l'axe. La roue dentée et la moitié postérieure de la roue à gorge E (pl. X, *fig.* 1) font corps avec le manchon M. L'autre moitié F peut s'enlever pour laisser passer une roue dentée G, en acier, dont les dents, assez espacées, font saillie sur la gorge et s'engagent dans les anneaux d'une chaîne sans fin en acier trempé supportant le poids moteur. C'est donc sur cette roue que s'exerce l'action du poids moteur. Les deux moitiés de la roue à gorge et la roue dentée en acier sont maintenues invariablement par trois fortes vis qui les traversent et les rendent solidaires les unes des autres, au point de ne former qu'une seule et même poulie.

En arrière, tout près de la platine postérieure, l'axe A^1 porte une roue à rochet H (pl. XII, *fig.* 2) solidement fixée sur cet axe. Un cliquet sollicité par un ressort fixé sur la platine postérieure, au moyen d'une vis-pivot, s'engage dans les dents de cette roue. Un peu plus en arrière se trouve une roue à gorge absolument semblable à la première déjà décrite, c'est-à-dire coupée en deux moitiés I et J, séparées par une roue dentée en acier K, le tout réuni au moyen de trois grosses vis. Cette roue à gorge fait corps avec la roue à rochet et toutes les deux sont solidaires de l'axe A^1.

En résumé, les deux roues situées entre les platines, solidaires l'une de l'autre au moyen du manchon M, sont montées à frottement doux sur l'axe A^1. Les deux roues situées en arrière de la platine postérieure sont, au contraire, fixées à demeure sur l'axe A^1.

La chaîne est une chaîne ordinaire à mailles elliptiques. Elle passe, au-dessous de la table de manipulation, dans la gorge d'une poulie dont la chape, terminée par un anneau, supporte un poids de 20 kilos. La gorge de cette poulie porte une arête circulaire et prismatique sur les côtés de laquelle s'appliquent alternativement les anneaux de la chaîne. Cette disposition permet à la chaine de s'engager dans la gorge de la poulie sans se fatiguer ni se tordre, ce qui arriverait certainement si la gorge présentait à la chaîne une surface plane. Le poids est creux et renferme un fort ressort auquel est adapté le crochet engagé dans l'anneau de la chape. L'élasticité de ce ressort affaiblit les secousses provenant d'un remontage trop brusque.

Après s'être engagée dans les dents de la roue G, la chaîne descend au-dessous de la table, à droite de cette roue, passe dans la gorge de la poulie supportant le poids, remonte à gauche de la roue K, s'engage dans les dents de cette roue, redescend à droite, au-dessous de la table, supporte un contre-poids, puis remonte à gauche de la roue G, où nous l'avons prise d'abord.

Le second axe A^2 est encastré à gauche du premier. Il porte en arrière une roue dentée et un pignon engrenant avec la roue dentée de l'axe A^1. En avant, dans le plan de rotation de la roue G de l'axe A^1, il porte une petite roue à gorge ou galet *g* dont les deux joues s'engagent entre celles de la roue G. Ce galet tourne librement sur son axe et a pour fonction de maintenir invariablement dans le plan de rotation de la roue G, tous les anneaux de la chaîne parallèles à ce plan, et d'assurer l'engagement des dents de la roue en acier dans les anneaux perpendiculaires à ce plan. Il guide donc la chaîne dans son mouvement.

Le troisième axe A^3 porte, en arrière, un pignon engrenant avec la roue dentée de l'axe A^2 et, en avant, une roue dentée.

Le quatrième axe A^4 porte, vers son milieu, une roue dentée et, près de la platine antérieure, un pignon qui engrène avec la roue dentée de l'axe A^3. Il s'appuie, en arrière, sur la platine postérieure ; mais, en avant, il traverse la platine antérieure qu'il dépasse d'une certaine quantité. Il se termine par une roue dentée absolument semblable à la roue d'entraînement du perforateur et que nous appellerons *roue d'entraînement* du transmetteur.

Le cinquième axe A^5 supporte un pignon qui engrène avec la roue dentée de l'axe A^4. Il s'appuie, en avant, non sur la partie antérieure, mais sur l'extrémité qu'il traverse d'un support en cuivre, deux fois recourbé à angle droit et vissé sur la platine postérieure. En avant, cet axe porte un excentrique *e* auquel est fixée l'extrémité d'une bielle en fer *b*, reliée d'autre part à un petit balancier en ébonite B*l* dont nous parlerons bientôt. En arrière, l'axe A^5 traverse librement une ouverture circulaire pratiquée dans la platine postérieure, supporte un grand disque D*i* (pl XIII, *fig.* 1 et 2), très-mince, en acier, et finalement s'appuie sur un cadre en cuivre C*a* fixé sur la platine postérieure, au moyen de deux vis *v*, *v'*.

Le sixième axe est l'axe du volant A^6. Il porte, en arrière (pl. X, *fig.* 2), un disque en acier D*v*, très-mince, d'un plus petit diamètre que celui de l'axe A^5, et parallèle à ce disque. Le disque D*v* est soudé à un manchon faisant corps avec l'axe et portant un levier *ι* à bras égaux. Plus en avant se trouve un second levier *l'* semblable à celui-ci et solidaire également d'un manchon fixé sur l'axe. Ces deux leviers perpendiculaires à l'axe du volant sont par conséquent parallèles entre eux. Deux traverses *t* et *t'*, terminées par des tourillons, relient deux à deux les extrémités libres de ces leviers et peuvent tourner librement dans des trous pratiqués dans ces extrémités. Sur ces traverses sont vissées deux plaques en cuivre longues et minces appelées *ailettes*. Elles portent en outre chacune un renflement *s* auquel est soudée une roue dentée *d* engrenant avec une autre roue dentée *c* solidaire d'un petit manchon enveloppant l'axe, mobile sur cet axe et s'appuyant contre le premier manchon. Les ailettes sont donc solidaires des roues *d*, *d'* qui peuvent tourner dans un plan perpendiculaire à l'axe du volant et dans le même plan que la roue mobile *c*. A cette roue *c* est fixée par une petite goupille l'extrémité d'un ressort-lame à boudin dont les spires enveloppent l'axe du volant et dont l'autre extrémité s'appuie sur une petite goupille implantée dans un écrou *e* fixé sur l'axe du volant. Cet écrou est percé de trous permettant de le faire tourner sur l'axe du volant et de régler la tension du ressort. L'action de ce ressort tend à faire tourner de droite à gauche la roue mobile *c* qui sollicite à son tour, mais en sens contraire, les deux roues *d* et *d'*. Les ailettes se rapprochent alors de l'axe principal et, au repos, s'appuient sur les dents de la roue mobile. (*fig.* 4).

Lorsque l'axe du volant entre en mouvement, les ailettes soumises à l'action d'une force qui se développe dans tout corps animé d'un mouvement circulaire, la force centrifuge, et rencontrant dans leur mouvement de rotation la résistance de l'air qui augmente en raison directe de la vitesse, les ailettes, disons-nous, s'éloignent de l'axe principal. Et comme elles sont solidaires des roues d et d', elles les font tourner en sens contraire, d, suivant la flèche f^2, et d', suivant la flèche f^1 (*fig.* 5). Ces deux directions concourent ensemble à donner à la roue mobile c un mouvement de rotation dans le sens de la flèche f^3. Ce déplacement de la roue mobile augmente la tension du ressort r dont les spires se rapprochent de l'axe, et cette tension s'accroît jusqu'à ce que la surface présentée à la résistance de l'air par les ailettes soit suffisante pour faire équilibre à la force motrice venant du poids.

Si au contraire nous arrêtons le mouvement de rotation de l'axe A^6, le ressort se détend; ses spires s'éloignent de l'axe A^6, et la roue mobile tourne en sens contraire de la flèche f^3. Cette roue agit en même temps sur les roues d, d' qui tournent en sens contraire des flèches f^1 et f^2. Les ailettes se rapprochent de l'axe principal, c'est-à-dire reviennent à leur position de repos.

En avant, l'axe A^6 traverse la platine antérieure sur laquelle il s'appuie, et qu'il dépasse un peu; il reçoit la pression d'un ressort-lame U vissé sur la platine antérieure et muni à sa partie supérieure d'un morceau d'agate incrusté et contre lequel s'appuie l'axe du volant.

Le septième axe A^7 est encastré entre les deux platines et porte à sa partie antérieure un petit balancier en ébonite B*l* (pl. XI, *fig.* 1). La bielle *b*, dont nous avons parlé en décrivant l'axe A^5, est fixée d'une part à l'excentrique *e* et de l'autre à l'extrémité gauche et postérieure du balancier. Trois goupilles métalliques, enveloppées chacune d'un manchon en cuivre, sont implantées dans le balancier auquel elles sont perpendiculaires. Deux ouvertures circulaires ont été pratiquées l'une près de l'autre dans la platine antérieure en face du balancier. La goupille de gauche traverse l'ouverture de gauche et les deux goupilles de droite traversent l'ouverture de droite. Le point d'appui de l'axe A^7, en avant, se trouvant entre ces deux ouvertures, il s'ensuit que la goupille g^1 est implantée à gauche de l'axe A^7 et les deux autres à droite. Ces trois goupilles dépassent la platine antérieure. Deux ressorts à boudin relient la goupille de gauche et la goupille de droite à deux vis de communication traversant le bâti de l'appareil et sur lesquelles nous reviendrons dans la partie électrique de notre étude.

Le grand disque D*i* (pl. XIII) ou plutôt l'axe A^5 est mis en relation avec le disque et l'axe du volant, au moyen d'un troisième disque *dr*, d'un diamètre plus petit, auquel nous donnerons le nom de *disque régulateur*. Il est perpendiculaire aux deux autres disques et monté sur un axe encastré entre les deux montants d'un cadre en cuivre ST (*fig.* 5) qui termine une règle de même métal R*e*, parallèle à la platine postérieure et pouvant glisser le long de cette platine (*fig.* 1) entre quatre petites goupilles, deux à droite et deux à gauche. Cette règle s'articule en *g* avec l'extrémité inférieure d'un levier Le qui pivote autour d'une vis V et se termine en haut par une petite poignée. Ce levier, comme la règle Re, se meut dans un plan parallèle aux deux platines et son extrémité supérieure glisse le long d'un arc de cercle gradué (pl. XV et pl. XII, *fig.* 2) en cuivre, fixé sur la platine postérieure, au moyen de deux vis. Une vis à main Vm traverse le levier Le à la hauteur de l'arc gradué et porte antérieurement un petit écrou. Tous les deux servent à maintenir le levier dans une position invariable sur l'axe gradué, lorsque le réglage de la vitesse a été définitivement établi. Deux petites goupilles que porte la platine postérieure limitent la course à droite et à gauche du levier Le.

Une ouverture rectangulaire, pratiquée dans la platine postérieure (pl. XIII, *fig.* 5), laisse passer le disque régulateur qui, en arrière, touche le grand disque Di et, en avant, le disque Dv (*fig.* 3 et 4).

Une boîte cylindrique en cuivre Bo (pl. IX et XII, *fig.* 2) appelée tambour, maintenue au moyen de deux vis sur le cadre Ca, recouvre complétement le grand disque qu'il protége, ainsi que le disque régulateur.

En avant de la platine antérieure et à gauche, se trouve une manivelle en cuivre ou manette Ma (pl. XI, *fig.* 5) dont le bras vertical est parallèle à la platine et porte à son extrémité supérieure une petite poignée. A sa partie inférieure est fixé un huitième axe A^8 qui traverse à frottement doux la platine antérieure et s'appuie, en arrière, sur la platine postérieure. L'extrémité postérieure de cet axe porte deux bras de leviers, l'un supérieur et l'autre inférieur. Ce dernier traverse le bâti et fait fontionner un commutateur à trois branches établi sous ce bâti et dont nous nous occuperons plus tard. Celui-là s'élève obliquement à droite et porte une petite tige formant ressort qui traverse une ouverture circulaire pratiquée dans la platine postérieure et vient se présenter en face de la circonférence du grand disque. Cette tige, appelée *frein* F*r*, presse contre la circonférence du grand disque ou s'en éloigne, selon le déplacement que l'on fait subir à la poignée M*a*. C'est elle qui arrête tout le mouvement lorsqu'elle presse contre le grand disque, ou le permet lorsqu'elle s'en éloigne.

Un 9e axe A^9 (pl. IX) s'appuyant sur la platine postérieure, traverse librement la platine antérieure qu'il dépasse en avant. Il porte à sa partie la plus rapprochée de la platine postérieure, un petit manchon en cuivre *mn* muni à droite d'une saillie de même métal et fixé sur l'axe au moyen d'une petite cheville. Sur cette saillie vient presser de haut en bas un long et fort ressort-lame R*t* fixé en avant de la platine postérieure, au moyen de deux vis *v*, *v'*. L'action de ce ressort tend à faire tourner l'axe A^9 de gauche à droite. L'extrémité qui dépasse la platine antérieure porte un levier F*o*, à larges bras, fixé solidement sur cet axe. Le bras gauche est assez large ; son extrémité libre se relève légèrement (pl. XV). L'autre bras, un peu plus large que le précédent, se termine en forme de fourchette dont la branche postérieure fait corps avec le levier ; la branche antérieure, au contraire, peut s'enlever ; elle est fixée sur le levier au moyen d'une vis. Les extrémités des deux branches sont percées de trous dans lesquels s'engage l'axe d'une roue de forme particulière que nous appellerons le *disque d'entraînement*.

La pression que le ressort R*t* exerce sur la saillie du manchon *mn* se communique, par l'intermédiaire de l'axe A^9, au levier F*o* et au disque d'entraînement qui appuie sur une plate-forme P*f* placée au-dessous de lui et fixée, au moyen de vis, sur trois petites équerres e, e' et e'', en cuivre, vissées sur la platine antérieure. Un léger évidement concave C*o* est pratiqué dans la partie de la plate-forme recouverte par le disque d'entraînement, afin de mettre en contact avec la circonférence du disque une plus grande surface de la plate-forme.

Le disque d'entraînement se compose de trois plaques circulaires i, k, i' ou disques en cuivre, séparées par un intervalle de $0^m,002$ environ et solidaires de l'axe qui les porte. Les deux plaques externes i, i' se ressemblent et ont environ $0^m,001$ d'épaisseur. Leur circonférence est unie.

La plaque médiane, beaucoup plus épaisse que les deux autres, porte sur sa circonférence et à égale distance les unes des autres, des échancrures transversales qui donnent à cette plaque l'aspect d'une roue dentée.

Le disque d'entraînement se trouve au-dessus et un peu à gauche de la roue d'entraînement déjà décrite que porte l'axe A^4. Le plan de rotation de la roue d'entraînement est le même que celui de la plaque médiane du disque. Une fente pratiquée dans la plate-forme z^2 (pl. X, *fig.* 6) et dans ce même plan de rotation, permet aux dents de la roue d'entraînement de traverser la plate-forme et d'engrener avec les dents de la plaque médiane du disque d'entraînement. Grâce à cet engrenage, le mouvement de rotation est donné au disque d'entraînement par la roue du même nom. Les divisions de la plaque *k* sont égales aux divisions de la roue d'entraînement.

En regard des espaces ménagés entre les diverses plaques du disque, ont été pratiquées dans la plate-forme deux autres fentes z^1, z^3, parallèles à la fente que traversent les dents de la roue d'entraînement, et dans ces deux nouvelles fentes s'engagent les aiguilles dont l'élévation détermine les émissions de courant. Les intervalles séparant les plaques du disque d'entraînement ont été ménagés uniquement pour que les aiguilles ne rencontrent aucun obstacle lorsqu'elles s'élèvent et traversent la plate-forme.

La bande de papier perforée passe sur la plate-forme (pl. XI, *fig.* 4), s'engage sous le disque d'entraînement, et c'est pendant le passage de la bande sous le disque que les dents de la roue d'entraînement s'engagent dans les trous de la ligne médiane de cette bande. La pression exercée par le disque sur la bande la maintient toujours aux prises avec la roue d'entraînement.

Au moyen d'une pression du doigt exercée sur le bras gauche du levier portant le disque d'entraînement, on fait pivoter le levier sur son axe. Cette pression triomphe de celle du ressort-lame R*t*; le disque est soulevé et la bande se trouve dégagée. Deux goupilles implantées dans la platine antérieure, l'une au-dessus et l'autre au-dessous du bras droit du levier F*o*, limitent sa course.

Une petite borne en cuivre *bo* vissée sur la plate-forme empêche la bande de s'écarter de la direction qu'elle doit prendre pour se rendre vers le disque d'entraînement.

Au repos, le poids pèse sur la roue G (pl. IX). Cette pression se transmet d'axe en axe jusqu'à l'axe du grand disque sur la circonférence duquel appuie le frein. Le disque régulateur n'étant sollicité par aucune force, ainsi que l'axe du volant, restent dans l'inaction. Mais nous avons vu que l'axe du volant est pressé en avant par l'extrémité du ressort-lame U. La pression de ce ressort s'exerce donc sur l'axe du volant et, par l'intermédiaire du disque que porte cet axe, se transmet au disque régulateur qui la communique au grand disque. Les deux disques *dr* et D*v* n'engrenant avec aucune roue ou pignon ne peuvent participer au mouvement que grâce à la pression exercée sur eux par le ressort-lame U. L'axe du grand disque étant immobile, l'excentrique et par suite le balancier restent inactifs.

Nous avons suivi la chaîne dans tout son parcours ; nous savons que la pression du poids s'exerce sur les deux roues G et K. Examinons la figure théorique (pl. X, *fig.* 3). Les deux bouts de la chaîne qui supportent le poids moteur tombent, l'un du côté droit de la roue G, l'autre du côté gauche de la roue K. Nous savons que le manchon ainsi que les roues situées entre les deux platines sont montées sur l'axe A^1 à frottement très-doux, mais que les deux roues K et H que porte l'axe, en arrière de la platine postérieure, sont solidaires de cet axe. Si donc, au moyen de la clef, nous faisons tourner l'axe de gauche à droite, le manchon et les deux roues G et D resteront immobiles, tandis que la roue à rochet H et la roue K suivront le mouvement.

Pendant ce temps-là, le cliquet *Cl* glisse en retombant successivement d'une dent sur l'autre de la roue de rochet, tant que dure le mouvement de l'axe. Si l'axe s'arrête, le cliquet reste engagé entre deux dents du rochet et l'empêche de revenir en sens contraire. Pendant le mouvement de la roue K, une portion de la chaîne qui se trouvait à gauche de cette roue est passée à droite, sans que l'action du poids ait cessé de s'exercer sur la roue motrice G ; le poids est monté et le contre-poids est descendu. En agissant plusieurs fois sur la clef, on comprend facilement que la roue K aura bientôt accompli un nombre de révolutions suffisant pour que la partie de la chaîne située entre cette roue et la poulie à laquelle est accroché le poids moteur, soit épuisée et le poids moteur arrivé à son maximum d'élévation.

Les dents d'une petite fourchette en cuivre F*t* (pl. XII, *fig*. 2) vissée sur la platine postérieure, s'engagent à droite de la roue K et au-dessous des mailles de la chaîne. Elles ont pour fonction de dégager les mailles des dents de la roue, si un motif quelconque tendait à les retenir.

Nous verrons plus tard qu'au-dessous du bâti du transmetteur se trouve un commutateur à trois branches et que les diverses pièces qui le composent sont reliées par des fils-volants recouverts de gutta-percha. Lorsque le poids est parvenu au bas de sa course, la portion de chaîne qui supporte le contre-poids se trouvant épuisée viendrait presser contre le bâti et pourrait par conséquent endommager le commutateur ou dénuder les fils de communication. Pour obvier à cet inconvénient, un tube en cuivre a été fixé sous le bâti. La chaîne, en quittant le côté droit de la roue K, traverse ce tube. Lorsque la partie de la chaîne qui supporte le contre-poids est épuisée, elle est maintenue à distance par le tube et le commutateur est préservé.

Les deux bouts de chaîne supportant, l'un le poids et l'autre le contre-poids, sont croisés sous la table de manipulation, par suite de la disposition de la chaîne sur les deux roues G et K. Lorsqu'on remonte le poids, il pourrait arriver que la partie de la chaîne supportant le contre-poids s'engageât entre la poulie du poids et la partie de la chaîne passant sous cette poulie. Le tube en cuivre dont nous venons de parler a été placé obliquement sous le bâti, afin d'éviter le croisement et l'inconvénient que nous venons de signaler.

Lorsqu'au contraire le poids est tout à fait remonté, la poulie qui le supporte pourrait également endommager le commutateur. Pour y remédier, une plaque en cuivre est placée en travers du bâti, à une certaine distance du commutateur et de façon à être rencontrée par la poulie du poids. Elle se compose de deux parties, l'une fixée sur le bâti et l'autre mobile et rattachée à la première au moyen d'une charnière. L'extrémité libre de la partie mobile porte une petite tige en fer dont l'extrémité supérieure, après avoir traversé le bâti, supporte un petit triangle T*r* (pl. XII, *fig.* 2) pivotant autour d'un axe qui traverse l'un de ses angles et dont l'angle supérieur regarde les dents de la roue K. Lorsque le poids arrive au haut de sa course, la plaque est soulevée et avec elle la tige et le triangle dont l'angle supérieur vient buter contre les dents de la roue K et l'arrête. La tige est enveloppée d'un ressort à boudin qui repousse la plaque lorsque le poids descend.

Supposons le poids remonté comme nous venons de l'indiquer et, au moyen de la manivelle *Ma*, éloignons le frein du disque *Di*. La force motrice qui vient du poids s'applique à la roue G, puis se transmet d'axe en axe jusqu'à l'axe du grand disque. Celui-ci entraîne dans son mouvement et par pression le disque régulateur qui agit de la même manière sur le disque de l'axe du volant. Cet axe tourne d'abord lentement, mais la force motrice étant constante, la rotation de l'axe du volant s'accélère. En vertu de la force centrifuge, les ailettes s'éloignent petit à petit de l'axe A^6 et les roues dentées *d* et *d'* auxquelles elles sont reliées, font tourner la roue mobile *c* qui tend progressivement la spirale, jusqu'à ce que les ailettes offrent à la résistance de l'air une surface suffisante pour faire équilibre à la force motrice. Lorsque cet équilibre est établi, l'écartement des ailettes reste stationnaire et l'appareil est animé d'un *mouvement uniforme*.

Un mobile est animé d'un mouvement uniforme quand il parcourt des espaces égaux dans des temps égaux, quels que soient les espaces et les temps considérés.

Dans un appareil, le mouvement est donné ou par un ressort ou par un poids. Dans les appareils mus par des ressorts, le mouvement uniforme n'existe pas, car le mouvement se ralentit au fur et à mesure que le ressort se détend, comme dans le Morse, par exemple.

Dans les appareils dont le moteur est un poids, la vitesse, au contraire, tend à s'accélérer à mesure que le poids descend : on sait en effet que lorsqu'un poids tombe il est animé d'un mouvement uniformément accéléré. Pour que l'appareil puisse fonctionner convenablement, il faut donc que le mouvement soit régularisé et rendu autant que possible uniforme, c'est-à-dire qu'une fois établie, la vitesse ne puisse ni s'accroître ni diminuer. Il est donc indispensable d'ajouter à tous les mouvements un organe régulateur.

Dans le transmetteur de M. Wheatstone, le mouvement uniforme est indispensable ; aussi la force motrice est-elle donnée par un poids. La vitesse de transmission est réglée par le transmetteur même, selon l'état de la ligne ; il faut donc que la vitesse, une fois déterminée, ne puisse subir de variations. Si elle diminue, le poste correspondant reçoit bien, mais il y a un temps perdu ; si au contraire elle augmente, la réception est mauvaise. Nous n'avons pas, comme dans l'appareil Hughes, par exemple, de variations dans les résistances qui ralentissent le mouvement, lorsqu'elles augmentent ou produisent une accélération quand elles diminuent. La force motrice, en s'appliquant successivement aux rouages de l'appareil, tendra donc à faire accélérer le mouvement. L'organe qui le régularise est le volant. Nous venons de voir comment se comporte la force motrice qui lui est appliquée et comment la résistance de l'air sur les ailettes fait équilibre à cette force motrice et établit l'uniformité du mouvement.

Nous avons dit que la rapidité des mouvements du transmetteur n'est limitée que par l'état électrique du fil conducteur. Il faut donc que l'on puisse augmenter ou diminuer la vitesse en maintenant toujours cette vitesse dans un état constant d'uniformité. Or, quelle que soit la vitesse, l'uniformité du mouvement persistera, puisque la force motrice est constante et qu'aucune modification n'est apportée dans l'organe qui lui fait équilibre.

Pour arriver à augmenter ou à diminuer la vitesse de son transmetteur, M. Wheatstone s'est servi d'un moyen très-ingénieux. Les organes sur lesquels il agit sont les trois disques que nous avons décrits.

Nous savons que le levier régulateur L*m* est articulé avec la règle métallique R*e* qui porte le disque régulateur. Si nous faisons pivoter le levier L*m* autour de son axe, nous déplacerons évidemment le disque régulateur.

Si nous portons à droite l'extrémité supérieure du levier L*m*, l'autre extrémité se dirigera vers la gauche entraînant avec elle la règle R*e* et son cadre ST. Le disque régulateur glissera entre les deux autres disques, s'éloignera de l'axe du grand disque et se rapprochera de l'axe du volant (pl. XIII, *fig*. 5).

Si au contraire nous portons à gauche le levier L*m*, son extrémité inférieure se dirigera vers la droite et avec elle tout le système qui porte le disque régulateur. Ce dernier se rapprochera de l'axe du grand disque et s'éloignera de l'axe du volant (*fig*. 3).

Dans le premier cas la vitesse du transmetteur diminue ;

Dans le second elle augmente ;

Le disque régulateur agissant en même temps sur le

grand disque et sur celui de l'axe du volant, nous aurons à étudier trois leviers du premier genre entre le dernier engrenage, c'est-à-dire le pignon de l'axe de l'excentrique, et la résistance dont le siége est dans le volant. Toute la force motrice donnée par le poids n'est pas appliquée au volant, car une certaine quantité est toujours absorbée par les résistances occasionnées par les frottements des axes, des roues et des pignons. Nous négligerons ces résistances pour ne considérer que la force motrice appliquée au volant.

Le premier levier a sa puissance en P (pl. XIV, *fig.* 4), son point d'appui en A et le point d'application de la résistance en *r*, c'est-à-dire au point de contact du disque régulateur sur la surface du grand disque.

Le second levier est le disque régulateur lui-même. La puissance est en P′, le point d'appui en A′ et la résistance en *r*″.

Le troisième levier a sa puissance en P″, sur le disque même du volant, son point d'appui en A″ et sa résistance en R, c'est-à-dire dans le volant.

Le second levier a ses bras toujours égaux, quelle que soit la position du disque régulateur entre les deux autres disques. Ce levier peut donc être considéré comme un levier de transition entre le premier et le troisième qui nous restent à étudier.

Examinons ces deux cas : ralentissement, accélération.

1° *Ralentissement.*—Dans ce cas, le disque régulateur avons-nous dit, s'éloigne de l'axe du grand disque et se rapproche de l'axe du volant. On démontre en mécanique que les deux forces puissance et résistance produisent d'autant plus d'effet qu'elles agissent sur un plus grand bras de levier. Si donc, dans le premier levier, le point d'application de la résistance *r* s'éloigne du point d'appui A, tandis que le point d'application de la puissance P reste fixe, la résistance augmente puisque son bras de levier est plus long :

Ce que nous gagnons en résistance, *nous le perdons en vitesse.*

En même temps, dans le troisième levier, le point P″ se rapproche du point d'appui A″, tandis que le bras de levier de la résistance A″R reste invariable. Le bras de levier de la puissance étant plus court, cette force diminue :

Ce que nous perdons en puissance, *nous le perdons en vitesse.*

Nous voyons donc que dans le cas où le disque régulateur s'éloigne du point A et se rapproche du point A″, nous gagnons en résistance d'un côté et nous perdons en puissance de l'autre : l'appareil ralentit.

2° *Accélération.* — Si au contraire nous rapprochons le disque régulateur du point A, en *r*′ par exemple, et l'éloignons du point A″, nous diminuerons dans le premier levier le bras de levier de la résistance. Le point d'application P de la puissance restant fixe, la résistance diminue :

Ce que nous perdons en résistance, *nous le gagnons en vitesse.*

Dans le troisième levier, le point d'application de la puissance s'éloignant du point d'appui A″, celui de la résistance restant fixe, nous augmentons le bras du levier de la puissance qui alors augmente :

Ce que nous gagnons en puissance, *nous le gagnons en vitesse.*

Si donc nous rapprochons le disque régulateur de l'axe du grand disque, en l'éloignant de l'axe du volant, d'un côté nous perdons en résistance et de l'autre nous gagnons en puissance: La vitesse de l'appareil augmente.

Pendant le ralentissement comme pendant l'accélération, la vitesse reste uniforme ; mais nous voyons les ailettes se rapprocher légèrement de l'axe du volant quand la vitesse diminue, et s'en éloigner quand elle augmente. Ce résultat est dû à la force centrifuge. On sait en mécanique que la force centrifuge développée dans un corps qui décrit un cercle avec un mouvement uniforme est proportionnelle au carré de la vitesse du corps. Par conséquent la force centrifuge augmente quand la vitesse de l'appareil s'accélère et les ailettes s'éloignent davantage de l'axe du volant ; elle diminue, au contraire, quand la vitesse ralentit, et les ailettes se rapprochent de l'axe du volant. Mais, dans les deux cas, l'équilibre est maintenu entre la force motrice venant du poids et la résistance offerte par le volant ; la vitesse reste uniforme.

Si nous considérons le transmetteur vu d'en haut (pl. IX), nous voyons que l'axe A^1 tourne de gauche à droite ; la roue dentée et le pignon de l'axe A^2, de droite à gauche ; le pignon et la roue dentée de l'axe A^3, de gauche à droite ; la roue dentée, le pignon et la roue d'entraînement de l'axe A^4, de droite à gauche ; le disque d'entraînement, de gauche à droite ; l'axe A^5, c'est-à-dire le grand disque D*i*, le pignon et l'excentrique, de gauche à droite; le disque régulateur, d'arrière en avant et l'axe A^6 ou axe du volant, de gauche à droite. Le balancier exécute un mouvement vertical de va-et-vient. L'axe A^8 ne tourne qu'au moment de la mise en marche ou de l'arrêt de l'appareil, selon le déplacement que l'on fait subir à la manette *Ma*. Enfin l'axe A^9 est immobile; le disque d'entraînement seul, qui fait partie de cet axe, tourne, comme nous venons de le voir, de gauche à droite.

Sur les neuf axes du transmetteur, les trois premiers seulement sont communs à tous les mouvements d'horlogerie, c'est-à-dire qu'ils ne servent qu'à la transmission du mouvement. Les autres, tout en transmettant le mouvement, ont à remplir des fonctions spéciales au Wheatstone. Ainsi l'axe A^4 sert, de concert avec le neuvième A^9, à l'entraînement du papier; l'axe A^5 règle la marche du balancier et transmet le mouvement au sixième A^6, par l'intermédiaire de trois disques. L'axe A^6 porte l'organe régulateur du mouvement; l'axe A^7 porte le balancier et fait fonctionner tout le mécanisme de transmission que nous allons étudier bientôt. L'axe A^8 arrête ou permet le mouvement général du transmetteur. L'axe A^9 enfin maintient la bande de papier en relation avec la roue d'entraînement.

Il nous serait facile, connaissant le nombre des dents des roues et des pignons, de calculer la vitesse de chaque axe; mais cela n'est pas indispensable. Ce qu'il nous importe seulement de connaître, c'est la relation qui existe entre la vitesse de l'axe de la roue d'entraînement et la vitesse de l'axe du grand disque, afin de déterminer les mouvements du balancier, comparativement à la vitesse de la roue d'entraînement. Cela nous sera d'une grande utilité lorsque nous nous occuperons du mécanisme de transmission.

La roue dentée de l'axe A^4 porte 100 dents ; le pignon de l'axe A^5 n'en a que 10. Ce pignon fera donc 10 tours pendant que l'axe de la roue d'entraînement et par conséquent cette roue elle-même n'en feront qu'un. La roue d'entraînement ayant 10 dents, le pignon de l'axe A^5 fera donc 1 tour pendant qu'une des dents de la roue d'entraînement parcourra un arc de cercle égal à l'intervalle de deux dents de cette roue et, comme ces dents s'engagent dans la ligne médiane de la bande de papier perforée, le pignon de l'axe A^5 fera donc un tour pendant que l'intervalle de deux trous de la ligne médiane de la bande passera en regard du centre de la roue d'entraînement. Mais, pendant que l'axe A^5 fait un tour et, par conséquent, pendant le passage de cet intervalle de la bande au-dessus du centre de la roue d'entraînement, le balancier exécute un mouvement complet de va-et-vient.

Il est utile de bien préciser ce que nous entendons par mouvement complet du balancier. Le *mouvement complet* du balancier est celui qu'il opère pendant un tour de l'excentrique, c'est-à-dire le mouvement de va-et-vient qu'exécute un point quelconque de cet organe. Nous entendons par *demi-mouvement* du balancier, le mouvement d'élévation ou d'abaissement de chacun de ses points, c'est-à-dire le mouvement qu'il opère pendant un demi-tour de l'excentrique.

La relation qui existe entre la roue d'entraînement

et le balancier est donc celle-ci : pendant que le balancier exécute un mouvement complet de va-et-vient, la roue d'entraînement fait 1/10 de tour et l'espace qui sépare deux trous de la ligne médiane de la bande de papier passe au-dessus du centre de l'axe de cette roue. Nous reviendrons plus tard sur cette relation, mais, pour bien saisir les diverses combinaisons que le mécanisme de transmission va nous donner à étudier, rappelons nous bien que pendant le passage au-dessus du centre de la roue d'entraînement de l'intervalle de deux trous de la ligne médiane de la bande perforée, le balancier exécute un mouvement complet ou deux demi-mouvements.

Tout le mécanisme d'horlogerie situé entre les deux platines est protégé par trois glaces à biseau, deux latérales et une supérieure, qui l'enferment comme dans une boîte. Elles glissent dans des rainures pratiquées près des bords des platines et sont maintenues en haut par deux petites plaques convexes, en cuivre, dont l'une, celle de droite, est vissée sur les platines, et l'autre, celle de gauche, mobile et garnie en dessous d'une coulisse s'engageant sous la tête d'une petite vis implantée sur le boulon supérieur correspondant.

A droite de l'appareil, sur le bâti même, est vissé un support en fonte de forme particulière (pl. VIII, *fig.* 1). Il décrit une demi-circonférence et s'articule par son extrémité libre avec un levier dont la poignée vient occuper le centre même de cette demi-circonférence. La bande perforée est enroulée sur une petite bobine en bois qui s'engage très-librement sur cette poignée, et de là se dirige vers le disque d'entraînement.

La clef servant à remonter le poids a la forme d'un T majuscule. La partie qui s'adapte sur le carré de l'axe A^1 porte à l'extérieur un ressort-lame (pl. XIV, *fig.* 7) muni inférieurement et à peu près vers son milieu, d'une goupille g s'engageant dans une encoche pratiquée dans le carré lui-même et qui empêche de retirer la clef. Pour faire disparaître cet obstacle, on appuie avec le doigt sur une seconde goupille g' qui traverse la clef et vient presser au-dessous de l'extrémité libre du ressort-lame. Sous cette pression, le ressort se soulève, la goupille sort de l'encoche et la clef peut être retirée.

2° Mécanisme de transmission.

La seconde partie de l'étude du transmetteur comprend la description du mécanisme de transmission, c'est-à-dire de l'ensemble des pièces dont les diverses positions, combinées savamment, permettent les émissions de courant. Ce mécanisme caractérise principalement l'ingénieuse création de l'inventeur.

Le mécanisme de transmission est situé au-dessons de la plate-forme Pf (pl. XV) sur laquelle passe la bande de papier et qui est supportée, comme nous l'avons vu, par trois petites équerres e, e', e'' vissées sur la platine antérieure. Il est compris dans un cadre fermé en haut par cette plate-forme, en bas par le bâti de l'appareil, et de chaque côté par deux plaques en cuivre verticales o, o' et p, p', fixées également sur la platine antérieure au moyen de deux équerres t et t'. Rappelons les pièces comprises dans ce cadre et que nous connaissons déjà. Nous avons d'abord la roue d'entraînement *r* dont les dents traversent la plate-forme, puis le ressort U qui presse contre l'extrémité antérieure de l'axe du volant, et enfin les trois goupilles *a*, *b*, *c*, implantées dans le balancier en ébonite situé en arrière des deux fenêtres circulaires *x* et *x'*.

Un premier levier A, dont les deux bras forment un angle droit, est soudé à l'extrémité antérieure d'un manchon *m* (pl. XIV, *fig.* 6) de même métal qui enveloppe la portée d'une vis *v* implantée dans la platine antérieure.

Un second levier B, à trois branches, est soudé également à l'extrémité d'un manchon *n*, mais plus court que le premier, qui enveloppe la portée d'une vis *v'* implantée également dans la platine antérieure. Deux des bras de ce levier sont situés sur une même ligne verticale; le troisième décrit d'abord un arc de cercle, puis se dirige horizontalement jusqu'en face de l'extrémité du bras supérieur du levier A.

Les bras horizontaux de ces deux leviers A et B sont fendus à leurs extrémités et traversés par deux petites chevilles servant en même temps de support et d'axe à deux aiguilles ou broches verticales en acier V, V' qui, comme nous l'avons déjà vu, traversent la plate-forme, l'une en avant et l'autre en arrière de la roue d'entraînement.

Une équerre L vissée sur la platine antérieure, à droite des aiguilles, est traversée par deux longues vis K, K' (pl. XIV, *fig.* 5) sur les extrémités desquelles les aiguilles s'appuient au repos, grâce à l'action incessante de deux ressorts à boudin *h*, *h'* attachés, d'une part, aux aiguilles et de l'autre, à une tige horizontale en cuivre *i*. Deux autres ressorts à boudin H et H′ fixés à une même tige horizontale en cuivre *d*, sont reliés, l'un au bras vertical du levier A, et l'autre au bras inférieur et vertical du levier B. L'action de ces deux ressorts tend à rapprocher de la tige *d* ces deux bras de levier et, par conséquent, à relever leurs bras horizontaux et par suite les deux aiguilles. Elle maintient en outre le levier A en contact avec la goupille du balancier *a* et le levier B en contact avec la goupille *b*.

Les deux leviers A et B sont articulés chacun avec une longue tige horizontale D et E sur lesquelles nous reviendrons.

Au-dessous de la plate-forme, à gauche des aiguilles, est fixée librement, au moyen d'une vis à portée, une plaque en cuivre T munie à droite de trois fentes parallèles semblables aux fentes de la plate-forme que traversent les aiguilles et la roue d'entraînement. Cette plaque augmente, pour ainsi dire, l'épaisseur de la plate-forme et empêche les aiguilles de sortir des fentes lorsqu'elles s'abaissent. Elle n'est maintenue dans une position invariable que par la roue d'entraînement qui s'engage dans la fente du milieu.

Dans la partie droite du cadre est vissée sur la platine antérieure une plaque en ébonite QQ′ destinée à isoler du massif de l'appareil les diverses pièces qu'elle porte.

Trois règles en cuivre, dont deux M et P en forme d'équerre et une O rectiligne et verticale, sont vissées sur cette plaque. Les branches inférieures des deux équerres sont parallèles à la règle du milieu O. Les autres branches portent chacune un levier dont les deux bras inégaux forment entre eux un angle droit.

Le levier C pivote autour d'une vis v''' implantée à l'extrémité de l'équerre M; sa grande branche horizontale se dirige vers les aiguilles en passant au-dessous des goupilles *b* et *c* du balancier et sa branche verticale est reliée, au moyen d'un ressort à boudin J', à une petite tige en cuivre *f* implantée dans l'équerre M. En quittant l'équerre, cette tige passe derrière le ressort à boudin J' et son extrémité libre se recourbe en avant pour recevoir ce ressort.

Le levier Z pivote autour d'une vis v'' implantée à l'extrémité de l'équerre P. Son bras horizontal se dirige également vers les aiguilles, mais en passant au-dessus des goupilles *b* et *c*. Un ressort à boudin J relie ce bras à une seconde tige en cuivre *k* implantée dans un prolongement que porte en haut l'équerre P et qui, comme la première tige *f*, passe derrière le ressort à boudin et se recourbe en avant pour le recevoir. Les deux tiges *f* et *k* sont fixées sur les équerres M et P parce que, étant en communication avec leurs bras de levier respectifs, elle doivent être isolées non-seulement l'une de l'autre, mais encore du massif.

Les deux branches horizontales des leviers C et Z sont à peu près parallèles et leurs extrémités encadrent les deux goupilles *b* et *c*. L'action des ressorts J et J' tend à rapprocher l'une de l'autre ces extrémités, qui cependant doivent conserver entre elles une certaine distance déterminée par une petite vis I qui traverse le levier supérieur Z et vient s'appuyer, par son extrémité libre, sur une petite plaque en ébonite fixée sur le levier C. Le pôle cuivre de la pile étant relié au levier C et le pôle zinc au levier Z, cette petite plaque et la vis I empêchent chacune des goupilles *b* et *c* qui se meuvent entre les leviers C et Z, de toucher à la fois ces deux leviers, ce qui fermerait le circuit de la pile et empêcherait les émissions sur la ligne, comme nous le verrons dans la partie électrique de notre étude.

Chacune des équerres M et P porte une petite colonne F et G traversées par deux vis qui, dans la distribution des émissions, servent de vis de contact pour la compensation.

Trois vis situées aux extrémités inférieures des trois règles ou équerres M, O, P servent à attacher les fils qui communiquent avec les deux pôles de la pile et, celle du milieu, avec une caisse de résistance.

La règle O porte à sa partie supérieure une vis à portée servant de pivot à un levier appelé *levier compensateur ou de compensation*. Il présente l'aspect d'une petite règle plate percée de deux trous, un à chaque extrémité, dans lesquels s'engagent à frottement très-doux deux petits manchons en ébonite *s* et *s'* vissés, l'un sur la tige D articulée, comme nous l'avons déjà vu, à l'extrémité supérieure de l'une des branches verticales du levier B; l'autre sur la tige E, articulée à l'extrémité inférieure du bras vertical du levier A. Ces deux manchons sont en ébonite, afin d'isoler le levier compensateur des leviers A et B, et portent chacun un épaulement situé à gauche du levier de compensation.

Un petit bloc en cuivre X, vissé sur la plaque en

ébonite QQ', porte un ressort-lame Y à l'extrémité duquel se trouve un petit galet S qui presse, sous l'action de ce ressort-lame, sur l'extrémité supérieure du levier de compensation, et a pour but de maintenir ce levier dans la position qui lui a été assignée par l'un ou l'autre des manchons *s* et *s'*.

Au repos, toutes ces pièces occupent les positions suivantes :

Les leviers A et B, sollicités de bas en haut par les ressorts à boudin H et H', s'appuient sur les goupilles *a* et *b*. Les aiguilles subissent la même influence et sont en outre maintenues appuyées sur les extrémités des vis K et K', au moyen des ressorts à boudin *h* et *h'*.

Les leviers C et Z, sous l'action des ressorts J et J', sont sollicités, C, de bas en haut, et Z, de haut en bas. Les deux goupilles *b* et *c* sont engagées entre les extrémités de leurs bras horizontaux.

Les manchons *s* et *s'* traversent très-librement les extrémités du levier compensateur qui occupe une position verticale et subit la pression du galet S qui s'exerce sur son extrémité supérieure.

Notons en passant que l'arc de cercle décrit par le bras horizontal du levier B a sa raison d'être. Lorsque le balancier prend une position oblique de gauche à droite, la goupille *c* s'abaisse, et si cet arc de cercle n'existait pas, elle viendrait se mettre en contact avec le levier B. Nous verrons plus tard que cela ne doit jamais arriver et que l'arc de cercle décrit par le levier B n'a d'autre but que de maintenir sans cesse la goupille *c* à distance de ce levier.

Le balancier est l'organe qui, au moyen de trois

goupilles *a*, *b*, *c*, met en mouvement tout cet ensemble de leviers.

Lorsque le mouvement d'horlogerie fonctionne, le balancier exécute régulièrement un mouvement circulaire alternatif ou de va-et-vient, grâce à la bielle qui le relie à l'excentrique porté par l'axe du grand disque. Les goupilles suivent les mouvements du balancier. Mais n'oublions pas que la goupille *a* est à gauche de l'axe du balancier et les goupilles *b* et *c*, à droite. Donc lorsque la goupille *a* s'abaissera, les deux autres s'élèveront, et réciproquement.

Les leviers A et B, qui tendent tous les deux à s'élever sous l'action des ressorts à boudin H et H', ne sont arrêtés que par les goupilles *a* et *b*. Quand donc la goupille *a* s'élèvera, le levier A la suivra, et lorsqu'elle s'abaissera, le levier A fera de même. Le levier B et la goupille *b* se comporteront de la même façon.

On voit donc que les leviers A et B s'élèveront et s'abaisseront alternativement ; et, comme ils portent chacun une des aiguilles V et V', ces deux aiguilles exécuteront alternativement un mouvement de bas en haut et pourront ainsi traverser les trous de la bande de papier qui passe sur la plate-forme.

N'oublions pas que les goupilles *b* et *c* sont en outre encadrées par les deux extrémités des leviers C et Z, et qu'en suivant les mouvements du balancier, elles exécuteront également un mouvement de va-et-vient qui les mettra en communication alternativement avec les leviers C et Z.

Pour bien faire comprendre tous ces mouvements, nous les étudierons séparément.

Supposons qu'aucune bande ne passe sur la plate-forme; les aiguilles, dans leur mouvement ascensionnel, ne rencontreront aucun obstacle.

La position des divers organes que nous venons de déterminer au repos, peut être appelée *position neutre*, c'est-à-dire que le balancier et les bras de levier en relation avec les goupilles occupent une position horizontale.

1re *combinaison*. — Si nous donnons à notre balancier une position oblique de droite à gauche, comme le présente la *fig.* 1, pl. XXIV, la goupille *a* s'est abaissée et les deux goupilles *b* et *c* se sont élevées; et comme, sous l'action des deux ressorts qui sollicitent les leviers A et B, ceux-ci n'ont pas abandonné les goupilles *a* et *b*, le levier A s'est donc abaissé et avec lui l'aiguille V', tandis que le levier B s'est élevé et avec lui l'aiguille V. Si maintenant nous examinons les deux goupilles *b* et *c*, par rapport aux leviers C et Z, nous voyons que la goupille *b* s'est élevée légèrement, ainsi que le levier C qui s'appuie sur elle, mais que la goupille *c*, la plus éloignée du centre d'oscillation du balancier, s'est élevée davantage, entraînant avec elle le levier Z. L'écartement des leviers C et Z est plus accentué que dans la position neutre et la vis I a par conséquent quitté la petite plaque en ébonite. En s'abaissant, le levier A a pivoté autour de son axe et son bras vertical s'est porté à gauche, entraînant avec lui la tige E dont le manchon *s'* a glissé à travers le levier compensateur, mais sans le déplacer. Le levier B, en s'élevant, a également pivoté autour de son axe et son bras supérieur s'est porté à droite, entraînant avec lui la tige D et le manchon *s* dont l'épaulement a poussé à droite le levier de compensation qui est venu se mettre en contact avec la vis F et qui est maintenu dans cette position par la pression du galet S.

Dans cette première combinaison, la goupille *a* est en contact avec le levier A; la goupille *b*, avec les leviers B et C, et la goupille *c*, avec le levier Z. De plus le levier compensateur s'appuie sur la vis F. Nous verrons, dans la seconde partie de notre étude, que cette première combinaison envoie le courant positif sur la ligne et le négatif à la terre.

2e *combinaison*. — Donnons à notre balancier une position contraire de la précédente, c'est-à-dire oblique de gauche à droite (*fig*. 2). La goupille *a* s'est élevée et, avec elle, le levier A et l'aiguille V'. La goupille *b* s'est abaissée légèrement et, avec elle, les leviers B et Z, ainsi que l'aiguille V. La goupille *c* s'est abaissée davantage et, avec elle, le levier C dont la plaque en ébonite s'est encore séparée de la vis I.

En s'abaissant, le levier B a pivoté autour de son axe et son bras supérieur s'est porté à gauche, entraînant la tige D et le manchon *s* qui a glissé librement à travers le levier compensateur et sans le déplacer. En s'élevant, le levier A a pivoté également autour de son axe *v* et son bras vertical s'est porté à droite, entraînant la tige E et le manchon *s'* dont l'épaulement a poussé à droite le levier compensateur qui abandonne la vis F et vient s'appuyer contre la vis G où il est maintenu par la pression du galet S.

Dans cette seconde combinaison, la goupille *a* est en contact avec le levier A ; la goupille *b* avec les leviers

B et Z et la goupille c avec le levier G ; en outre le levier compensateur est en contact avec la vis G.

Cette seconde combinaison envoie le négatif sur la ligne et le positif à la terre.

Ces deux combinaisons sont les seules qui se présentent, lorsque aucune bande n'est engagée sous le disque d'entraînement. Les mouvements de va-et-vient du balancier étant réguliers, les deux aiguilles s'élèveront alternativement avec une régularité parfaite. De plus, la vitesse étant uniforme, et les émissions déterminées par l'élévation des aiguilles, nous pouvons dire dès maintenant que si aucune autre combinaison ne se formait, lorsque la bande passe en face des aiguilles, les émissions se feraient dans des temps égaux. Nous verrons dans la partie électrique de notre étude qu'il n'en est pas ainsi et que la bande, en passant au-dessus des aiguilles, détermine d'autres combinaisons dans le mécanisme de transmission, que nous allons étudier maintenant, au point de vue mécanique.

Rappelons-nous la disposition des trous sur la bande perforée et les combinaisons de trous qui doivent permettre la reproduction dans le récepteur des signaux points, traits ou espaces blancs.

Pour le point, les deux trous sont sur une même ligne verticale ; les deux trous pour le trait sont sur une ligne oblique de gauche à droite. Pour les blancs, la bande ne porte aucune perforation : nous négligerons, bien entendu, les trous de la ligne médiane qui ne servent qu'à l'entraînement régulier du papier.

Remarquons que les extrémités inférieures des deux aiguilles V et V' sont dans un même plan perpendiculaire à la platine antérieure, mais que leurs pointes ne sont pas dans un même plan. L'aiguille postérieure est un peu plus à droite et se trouve, par rapport à la bande qui déroule de droite à gauche, en avant de l'aiguille antérieure. L'aiguille postérieure est donc celle qui rencontrera la première un trou de la bande. L'écartement des deux plans perpendiculaires à la platine antérieure dans lesquels se trouvent les extrémités libres des deux aiguilles étant, comme nous le verrons dans la seconde partie de notre étude, à peu près égal au diamètre des trous de la bande de papier; de plus, la relation qui existe entre le mouvement du balancier et la roue d'entraînement nous montrant que le balancier exécute un mouvement complet de va-et-vient, pendant que l'intervalle de deux trous de la ligne médiane passe au-dessus des aiguilles; enfin le diamètre des trous étant la moitié de cet intervalle, il en résulte que le balancier exécute un demi-mouvement pendant qu'un trou de la bande passe sur les aiguilles. Si donc le premier demi-mouvement élève l'aiguille postérieure qui traverse un trou de la bande, le second élèvera l'aiguille antérieure qui traversera à son tour un trou placé sur une même ligne verticale que celui dans lequel vient de s'engager l'aiguille postérieure, mais juste au moment où l'aiguille postérieure sortira du trou qu'elle avait traversé, puisque la distance qui sépare les plans perpendiculaires à la platine et passant par leurs extrémités libres est égale au diamètre des trous.

Ainsi, chaque demi-mouvement élève une aiguille et abaisse l'autre en même temps, et réciproquement.

De plus, l'écartement des extrémités libres des deux aiguilles fait que, lorsque l'une d'elles, la postérieure, par exemple, entre dans un trou de la ligne postérieure, l'autre se trouve un peu en arrière, et que, lorsque cette dernière entre à son tour dans un trou de la ligne antérieure, l'autre sort du trou dans lequel le demi-mouvement précédent l'avait engagée. Lorsque l'aiguille antérieure sort à son tour du trou de la ligne antérieure, le demi-mouvement du balancier qui opère ce changement élève l'aiguille postérieure et, pour qu'une émission ait lieu, il faut que cette dernière aiguille rencontre encore un trou qui, évidemment, doit être séparé du précédent par un intervalle égal au diamètre des trous. C'est ce qui existe en effet, ou plutôt nous l'admettons en théorie. Nous verrons plus tard que, sur la bande perforée, l'intervalle de deux trous est plus petit que le diamètre des trous. Or, si le diamètre des trous et les intervalles qui les séparent étaient toujours égaux, les mouvements d'élévation des deux aiguilles ne seraient jamais arrêtés et les émissions se feraient dans des temps égaux, comme lorsque aucune bande ne déroule sur la plate-forme. C'est ce qui arrive, par exemple, lorsque la bande perforée ne présente sans interruption qu'une suite de combinaisons reproduisant le signal point, c'est-à-dire deux trous placés sur une même ligne verticale.

Mais lorsque les intervalles qui séparent les trous d'une même ligne sont plus longs que le diamètre des trous, les aiguilles rencontrent évidemment dans leur mouvement d'élévation une partie de bande non perforée, puisque leur mouvement alternatif d'abaissement et d'élévation est rendu régulier par le balancier dont le mouvement de va-et-vient ne varie jamais : il arrive donc un moment où les aiguilles en s'élevant rencontrent un obstacle. Il en résulte de nouvelles combinaisons dans le mécanisme de transmission.

Nous venons de dire que si la bande porte successivement et sans interruption la combinaison *point*, les mouvements des aiguilles s'exécutent avec régularité et sans rencontrer d'obstacle. Supposons maintenant que la bande perforée présente aux aiguilles la combinaison *trait*. Pendant cette combinaison, le balancier doit exécuter *trois demi-mouvements*. En effet, l'espace qu'occupe sur la bande la combinaison trait est trois fois égal au diamètre des trous. Si nous menons les quatre tangentes (pl. XIV, *fig.* 1), nous voyons que les deux tangentes moyennes (2 et 3) sont séparées l'une de l'autre par un intervalle égal au diamètre des trous.

Le signal qui a précédé ce trait étant un espace blanc, le dernier demi-mouvement exécuté par le balancier pour la formation de ce signal a permis l'élévation de l'aiguille antérieure et la combinaison qui s'est produite dans le mécanisme de transmission a été par conséquent la seconde décrite plus haut. Le demi-mouvement qui s'exécute maintenant élève donc l'aiguille postérieure, et comme cette aiguille rencontre le premier trou de la combinaison trait, nous obtiendrons dans le mécanisme transmetteur, pendant le premier tiers du trait, la première combinaison également décrite plus haut.

Examinons maintenant ce qui va se passer pendant le deuxième tiers du trait.

3e *combinaison.* — Le demi-mouvement du balancier sera l'opposé du précédent et l'aiguille antérieure s'élèvera ; mais elle ne pourra traverser la bande qui n'est pas perforée en cet endroit. Elle sera donc arrêtée dans son mouvement ascensionnel. Le balancier commandé par le mouvement d'horlogerie exécutera, comme précédemment, son demi-mouvement et la goupille *a* s'élèvera (pl. XXXIV, *fig.* 3). L'aiguille V' étant arrêtée par le papier, le levier A ne pourra suivre la goupille *a*, comme dans la seconde combinaison, et s'en séparera. Son bras vertical ne sera pas porté à droite, et par conséquent le manchon *s'* ne pourra déplacer le levier compensateur que la combinaison précédente a mis en contact avec la vis F.

Dans cette troisième combinaison, l'aiguille V' est arrêtée par le papier ; la goupille *a* ne touche plus le levier A ; la goupille *b* est en communication avec les leviers B et Z, la goupille *c* s'appuie sur le levier C et le levier compensateur est resté en contact avec la vis F. Nous verrons que dans cette combinaison la ligne est mise à la terre dans le transmetteur, à travers la caisse de résistance, après l'émission positive.

Passons maintenant au troisième tiers du trait.

4e *combinaison.* — Le demi-mouvement du balancier étant l'opposé du précédent, nous voyons cet organe occuper une position oblique de droite à gauche (pl. XXXV, *fig.* 1). La goupille *a* s'abaisse et les deux autres s'élèvent. Le levier A s'abaisse également et le levier B qui porte l'aiguille postérieure V tend à s'élever sous l'action du ressort H'. Mais l'aiguille V est arrêtée par la bande de papier qui ne porte aucune perforation ;

par conséquent le levier B sera arrêté dans son mouvement de bas en haut et se séparera de la goupille *b*. Le levier compensateur conserve toujours la position occupée pendant les deux premiers tiers du trait.

Cette combinaison nous montre l'aiguille V arrêtée par le papier, la goupille *a* en communication avec le levier A, la goupille *b* séparée du levier B et en contact avec le levier C, la goupille *c* en communication avec le levier Z, et le levier compensateur s'appuyant toujours sur la vis F. Nous avons ici le pôle cuivre à la ligne, à travers la résistance, et le pôle zinc à la terre.

Supposons maintenant qu'un espace blanc de la longueur du trait succède à ce trait. Lorsque l'aiguille V arrive à la fin du troisième tiers du trait, l'aiguille antérieure V′ rencontre le trou qui termine la combinaison trait. Le balancier change de position et son grand axe prend une direction oblique de gauche à droite. La goupille *a* s'élève et avec elle le levier A. L'aiguille V′ traverse alors la bande ; les goupilles *b* et *c*, ainsi que les leviers B, C et Z, s'abaissent. Le levier B, en s'abaissant, porte à gauche son bras supérieur et le manchon *s*, entraîné par la tige D, glisse sur le levier compensateur sans le déplacer. Le levier A, au contraire, en s'élevant, porte à droite son bras vertical. La tige E suit ce mouvement et le manchon *s′* pousse à droite le levier compensateur qui se met en contact avec la vis G.

Nous obtenons ainsi une combinaison tout à fait semblable à la deuxième décrite plus haut, c'est-à-dire le pôle zinc relié à la ligne et le pôle cuivre à la terre.

Notre espace blanc ayant, disons-nous, la longueur

du trait, le balancier exécutera trois demi-mouvements, comme dans le trait.

Nous venons d'étudier le premier, voyons le second.

5e *combinaison.* — Le balancier prend une position contraire de la précédente, c'est-à-dire oblique de droite à gauche. La goupille *a* s'abaisse, tandis que les goupilles *b* et *c* s'élèvent. Le levier A s'abaisse également, mais le levier B ne peut s'élever, car l'aiguille V est arrêtée par la bande qui ne porte aucune perforation. Il se sépare donc de la goupille *b* et ne peut porter à droite le manchon *s*, c'est-à-dire déplacer le levier compensateur qui reste en communication, comme dans la combinaison précédente, avec la vis G (pl. XXXV, *fig.* 2).

Dans cette cinquième combinaison, la goupille *a* s'appuie sur le levier A; l'aiguille V est arrêtée par la bande et cause la séparation du levier B de la goupille *b* qui est en contact avec le levier C; la goupille *c* touche le levier Z et le levier compensateur repose sur la vis G. Nous aurons à étudier plus tard la mise de la ligne à la terre dans le transmetteur, à travers la résistance et après l'émission négative.

6e *combinaison.* — Dans le troisième tiers de notre espace blanc, le balancier change de position et prend une direction oblique de gauche à droite (*fig.* 3), c'est-à-dire inverse de la précédente. La goupille *a* s'élève et les goupilles *b* et *c* s'abaissent. L'aiguille V' ne rencontrant aucun trou sur la bande de papier est arrêtée dans son mouvement d'élévation et avec elle le levier A qui abandonne la goupille *a*. Dans la combinaison précédente, nous avons laissé le levier compensateur en contact avec la vis G ; ici, il ne subira aucun déplacement, puisque le levier B s'est abaissé et que le manchon *s* n'a pu, par conséquent, pousser à droite la branche supérieure du levier de compensation.

Cette sixième combinaison nous montre l'aiguille V arrêtée par le papier, le levier A séparé de la goupille *a*, la goupille *b* en communication avec les leviers B et Z, la goupille *c* en contact avec le levier C et enfin le levier compensateur en relation avec la vis G. Le pôle cuivre est à la terre et le pôle zinc à la ligne, à travers la résistance.

Si notre espace blanc se prolongeait, les seules combinaisons qui se présenteraient seraient évidemment la cinquième et la sixième, puisque les deux aiguilles ne pourraient traverser la bande, et les leviers A et B déplacer le levier de compensation.

Ces six combinaisons sont donc les seules que nous offre le mécanisme de transmission, pendant le passage d'une bande perforée au-dessus des aiguilles. Pour arriver à ne pas les confondre, il faut une étude sérieuse et se rappeler que les mouvements du balancier et par conséquent des goupilles sont toujours réguliers, tandis que ceux des aiguilles et des leviers qui les portent sont déterminés par les perforations variées de la bande ; que les leviers C et Z s'appuient toujours alternativement sur les goupilles *b* et *c* et que le levier compensateur ne se déplace qu'autant que les aiguilles V et V′ traversent la bande. Ainsi, ce levier compensateur sera toujours en communication avec la vis F, chaque fois que l'aiguille V traversera la bande ; et toujours en communication avec la vis G, toutes les fois que l'aiguille V' traversera la bande. Nous verrons plus tard qu'il fonctionne absolument comme le manipulateur Morse et que, si l'on donne au transmetteur sa vitesse minimum, on peut très-facilement lire la transmission d'après les mouvements de ce levier.

Il importe de faire remarquer que le mécanisme d'horlogerie du transmetteur régularise deux mouvements distincts :

Le premier est la marche en avant de la bande de papier, au moyen de la roue d'entraînement et du disque de même nom ;

Le second est la marche régulière du balancier qui, de concert avec les deux lignes externes de trous que porte la bande de papier, permet aux deux aiguilles, en s'élevant tour à tour partiellement ou totalement, de former dans le mécanisme de transmission les diverses combinaisons qui produisent les émissions de courant.

Tout le mécanisme de transmission est protégé en avant par une glace à biseau qui s'engage dans des rainures pratiquées près des bords antérieurs des plaques latérales o, o' et p, p' et l'enferme comme dans une boîte. La plaque o, o' est fixe, mais le bord antérieur de la plaque p, p' est mobile, dans le but d'introduire la glace dans les rainures ou de l'en sortir. La partie mobile de cette plaque p, p' subit la pression de deux ressorts-lames à deux branches fixés sur sa face externe, afin de maintenir la glace dans les rainures. Lorsqu'on veut enlever cette glace, il suffit de pousser à droite la plaque p, p' ; aussitôt un ressort en laiton, en forme d'U, fixé sur la face interne de la plaque p, p', pousse la glace en avant et met ainsi à découvert tout le mécanisme de transmission.

Le transmetteur porte neuf bornes en laiton implantées dans le bâti en bois et communiquant avec un commutateur spécial placé au-dessous de ce bâti et dont nous avons déjà parlé en décrivant l'axe A^8. La description de ce commutateur appartient à la seconde partie de notre étude.

TRANSMETTEUR TRANSFORMÉ.

Le transmetteur que nous venons de décrire a subi des transformations importantes que nous allons maintenant étudier. Ce nouvel appareil est le modèle adopté aujourd'hui.

Nous avons vu que pendant la troisième et la cinquième combinaison, la ligne est mise à la terre dans le transmetteur même. Ce fait n'est pas, il est vrai, un inconvénient, puisqu'on y remédie au moyen des courants de compensation ; mais un transmetteur qui supprimait cette mise à la terre et ramenait la transmission à des émissions faites dans des temps égaux, comme nous le verrons plus tard, devait être préféré. L'appareil transformé est dans ce cas-là et cette création de M. Wheatstone est d'autant plus remarquable, qu'avec ce transmetteur, on peut travailler en transmission double, sans rien changer au mécanisme.

Comme le transmetteur ancien modèle, nous le diviserons en deux parties :

1° *Le mouvement d'horlogerie ; — 2° Le mécanisme de transmission.*

1°. Mouvement d'horlogerie.

Le mouvement d'horlogerie du transmetteur nouveau modèle est en tous points semblable à celui du transmetteur ancien modèle.

Comme lui, il a pour fonctions principales de régulariser deux mouvements distincts :

1° La marche en avant du papier, au moyen de la roue et du disque d'entraînement ;

2° Les oscillations du balancier, qui prennent part à la formation des diverses combinaisons du mécanisme de transmission.

La seule modification apportée dans le mouvement d'horlogerie est dans le nombre des goupilles du balancier qui n'en porte que deux, au lieu de trois, l'une à gauche et l'autre à droite de l'axe qui le supporte. Chaque goupille est reliée, au moyen d'un ressort à boudin, à une vis en communication avec le commutateur placé sous le bâti de l'appareil.

2° Mécanisme de transmission.

Le mécanisme de transmission diffère de celui du premier transmetteur. Comme celui-ci, il renferme quatre leviers, mais autrement disposés.

Le levier A (pl. XVI) supporte l'aiguille V', pivote

autour de la vis à portée v et est sollicité de bas en haut par un ressort à boudin H. Son bras vertical est articulé avec une tige E qui porte le manchon s' engagé librement dans l'extrémité inférieure d'un levier N que nous appellerons ici *levier inverseur*.

Le levier B supporte l'aiguille V, pivote autour de la vis à portée v' et est également sollicité de bas en haut par un second ressort à boudin H'. Son bras horizontal ne présente plus une première partie en forme d'arc de cercle et une seconde rectiligne ; il est rectiligne dans toute sa longueur. Son bras vertical supérieur est articulé avec une tige D qui se termine par un manchon s traversant librement l'extrémité supérieure du levier inverseur.

Les deux manchons s et s' sont en cuivre. L'ébonite devient inutile, car le levier N est isolé lui-même du massif de l'appareil, comme nous allons le voir, et les courants de compensation ne passent plus par ce levier.

Les leviers A et B diffèrent peu des leviers A et B du transmetteur simple.

A droite du levier B se trouve un disque épais ou tambour en ébonite dans lequel sont implantés sur une même ligne verticale les deux bras du levier inverseur N. Ces deux bras sont indépendants l'un de l'autre. Une goupille fixée dans la platine et traversée à son extrémité libre par une petite cheville, lui sert de pivot. La surface antérieure de ce disque est recouverte de deux segments en cuivre dont les cordes sont parallèles au levier inverseur. Ils portent deux goupilles c et d encadrées, comme nous le verrons dans un instant, entre les extrémités libres des leviers C et Z. Nous donnerons à ce disque le nom de *disque inverseur*, comme nous avons donné au levier N celui de *levier inverseur*. Ce sont en effet les oscillations de ces organes qui déterminent et règlent les inversions de courant. L'extrémité supérieure du levier inverseur subit la pression d'un petit galet S semblable à celui du transmetteur ancien modèle et porté, comme lui, par un ressort-lame Y. Deux petites tiges *t* et *t'* limitent à droite et à gauche les oscillations du levier inverseur.

La plaque en ébonite QQ' de l'ancien transmetteur présente une autre forme dans le transmetteur nouveau modèle. Sa moitié inférieure se prolonge à gauche, en passant sous le disque inverseur. Cette nouvelle plaque porte quatre pièces en cuivre fixées sur elle, au moyen de vis, et disposées comme suit :

La première à droite présente l'aspect d'une règle très-courte P;

La seconde est une équerre O;

La troisième M possède une forme particulière. Sa partie supérieure n'est autre chose qu'une équerre et sa partie inférieure une règle courte, réunies toutes les deux, au moyen d'un arc de cercle dont le centre est le centre même du disque inverseur.

Ces trois pièces sont fixées sur la plaque en ébonite, à droite du levier inverseur.

La quatrième P' ressemble à la première P et occupe l'extrémité du prolongement de la plaque QQ', à gauche du levier inverseur.

Les deux leviers de pile sont intervertis. Le levier C,

qui se trouvait au-dessous du levier Z dans l'ancien transmetteur, se trouve ici au-dessus. Ils sont fixés, au moyen de vis à portée, à l'extrémité des branches horizontales des deux équerres M et O. Le levier supérieur C est sollicité de haut en bas par le ressort à boudin J et le levier inférieur Z, de bas en haut, par le ressort J'. Leurs bras horizontaux se dirigent vers les goupilles *d* et *c*. Une petite vis I traverse l'extrémité libre du levier C, entre les deux goupilles *c* et *d* et vient s'appuyer sur une petite plaque en ébonite fixée sur le levier Z. Cette vis a pour but, comme dans le transmetteur ancien modèle, d'empêcher les deux leviers C et Z de toucher en même temps l'une ou l'autre des goupilles *c* et *d*. Deux petits ressorts à boudin non tendus relient, l'un, le segment de gauche du disque inverseur avec la pièce en cuivre P', et l'autre, le segment de droite avec la pièce en cuivre P.

Les quatre règles ou équerres en cuivre sont reliées au commutateur placé au-dessous du bâti de l'appareil, au moyen de fils recouverts de gutta-percha attachés aux quatre vis R, C, Z, T qu'elles portent inférieurement.

Au repos, les diverses pièces qui composent le mécanisme de transmission occupent les positions suivantes :

Le levier A, sollicité par le ressort H, s'appuie contre la goupille *a*; le levier B, sous l'action du ressort H', s'appuie sur la goupille *b*.

Les manchons *s* et *s'* traversent librement les extrémités du levier inverseur qui subit la pression du galet et conserve la position qui lui a été assignée par l'un ou l'autre des manchons *s* et *s'*.

Le levier C, sollicité de haut en bas par le ressort J, presse contre l'une des goupilles du disque inverseur, tandis que sur l'autre appuie le levier Z sollicité de bas en haut par le ressort J'.

Lorsque ce transmetteur fonctionne, les combinaisons qui se produisent dans le mécanisme de transmission sont, comme pour le transmetteur ancien modèle, au nombre de six, puisque la perforation est la même et que les mouvements des aiguilles et du balancier sont identiques dans les deux appareils.

Nous avons vu dans l'étude du transmetteur ancien modèle, que les combinaisons qui se produisent dans le système des leviers sont les mêmes, lorsque aucune bande ne passe sur la plate-forme, ou lorsque la bande présente successivement et sans interruption aux aiguilles la combinaison formant le signal point. Nous négligerons donc ce qui se passe, lorsque aucune bande n'est livrée au transmetteur, pour arriver de suite aux deux combinaisons formées pendant le passage du signal point au-dessus des aiguilles.

1re *combinaison.* — Pour la transmission du signal point, le balancier prend une position oblique de droite à gauche (pl. XXXVI, *fig.* 1). L'aiguille V traverse la bande de papier. La goupille *a* s'abaisse et avec elle le levier A qui entraîne la tige E et le manchon *s'*, sans déplacer le levier inverseur N. La goupille *b* s'élève, ainsi que le levier B. Le bras supérieur de ce levier, au moyen de la tige D et du manchon *s*, pousse à droite l'extrémité supérieure du levier inverseur; le disque inverseur oscille de gauche à droite. (Convenons dès maintenant que toutes les fois que nous aurons à indiquer le sens des oscillations du disque inverseur, nous parlerons de la direction prise par le bras supérieur du levier N.) Par suite, la goupille *c* s'élève, tandis que la goupille *b* s'abaisse. La ligne des centres de ces deux goupilles prend alors une direction oblique de gauche à droite, ce qui augmente l'écartement des deux leviers C et Z. La vis I abandonne la petite plaque sur laquelle reposait son extrémité libre.

Dans cette combinaison, nous avons la goupille *a* en contact avec le levier A ; la goupille *b*, avec le levier B ; la goupille *c*, avec le levier C ; et la goupille *d*, avec le levier Z. Comme nous le verrons encore plus tard, le pôle cuivre de la pile va sur la ligne et le pôle zinc à la terre.

2e *combinaison.* — Elle doit former un espace blanc sur la bande du récepteur. Donnons à notre balancier une position inverse de la précédente, c'est-à-dire oblique de gauche à droite (*fig.* 2). L'aiguille V' traverse la bande perforée. La goupille *b* s'abaisse et avec elle le levier B dont le bras supérieur entraîne la tige D et le manchon *s*, sans déplacer le levier inverseur. La goupille *a* s'élève et avec elle le levier A qui, par l'intermédiaire de la tige E et du manchon *s'*, pousse à droite l'extrémité inférieure du levier inverseur. Le disque oscille de droite à gauche et la ligne des centres des deux goupilles *c* et *d* devient oblique de droite à gauche, c'est-à-dire que la goupille *c* s'abaisse, tandis que la goupille *d* s'élève.

Dans cette combinaison, la goupille *a* touche le

levier A; la goupille *b*, le levier B; la goupille *c*, le levier Z; et la goupille *d*, le levier C. Nous envoyons le courant positif à la terre et le négatif sur la ligne.

Telles sont les deux combinaisons qui se produisent dans le mécanisme de transmission lorsque, dans leur mouvement alternatif d'élévation, les deux aiguilles ne rencontrent aucun obstacle.

Supposons maintenant que le signal suivant soit un trait. La combinaison qui se formera sera la première décrite ci-dessus, puisque l'aiguille postérieure, en s'élevant, rencontre une perforation.

Là encore nous aurons notre balancier oblique de droite à gauche, la ligne des centres des deux goupilles *c* et *d*, de gauche à droite; le courant positif sur la ligne et le négatif à la terre (*fig.* 1).

3e *combinaison.*— Nous avons vu que le trait est trois fois la longueur du point et que si, pendant la formation du point, le balancier exécute un demi-mouvement, il en exécutera trois pendant le trait. Nous venons d'étudier le premier. Dans le second, le balancier occupe une position oblique de gauche à droite; la goupille *b* s'est abaissée et avec elle le levier B qui, par l'intermédiaire de la tige D, a porté à gauche le manchon *s*, sans déplacer le levier inverseur (*fig.* 3). La goupille *a* s'est élevée, mais le levier A n'a pu la suivre, parce que l'aiguille V' a été arrêtée par le papier qui ne présente aucune perforation. Le levier A n'ayant pu s'élever, le manchon *s'* n'a pas déplacé le levier inverseur qui conserve la position occupée pendant le demi-mouvement précédent. Nous avons alors l'aiguille V' arrêtée par le papier, la communication entre le levier A et la goupille *a* rompue; le levier B s'appuie sur la goupille *b*, le levier C sur la goupille *c*, et le levier Z sur la goupille *d*.

Cette combinaison nous donne un courant positif envoyé sur la ligne à travers la résistance, et le courant négatif à la terre.

4e *combinaison.*— Pendant le troisième tiers du trait, le balancier prend une position inverse de la précédente, c'est-à-dire oblique de droite à gauche. La goupille *a* s'abaisse et avec elle le levier A dont le manchon *s'* glisse sur le levier inverseur sans le déplacer. La goupille *b* s'élève et abandonne le levier B dont le mouvement ascensionnel a été arrêté par l'aiguille V qui n'a rencontré sur la bande aucune perforation et n'a pu la traverser. Le manchon *s* n'a rien changé dans la position du levier inverseur qui reste encore la même que celle occupée pendant le premier tiers du trait (pl. XXXVII, *fig.* 1).

Cette quatrième combinaison nous donne encore une émission positive de compensation à travers la caisse de résistance, et le courant négatif à la terre.

Supposons maintenant notre trait suivi d'un espace blanc égal à la longueur du trait. Le balancier exécutera encore trois demi-mouvements pendant la formation de ce signal.

Dans le dernier demi-mouvement, notre balancier avait une position oblique de droite à gauche; il prendra donc une position inverse pendant le premier tiers de notre espace blanc; l'aiguille V s'abaissera, tandis que l'aiguille V' s'élèvera et traversera la bande de papier, puisqu'elle rencontrera le trou qui termine le signal précédent. Le manchon *s'* déplacera le levier inverseur qui oscillera de droite à gauche et changera la direction de la ligne des centres des goupilles *c* et *d*. Nous aurons alors une combinaison tout à fait semblable à la deuxième décrite plus haut, c'est-à-dire l'aiguille V' traversant la bande (pl. XXXVI, *fig.* 2), la goupille *a* en contact avec le levier A; la goupille *b* avec le levier B; la goupille *c* avec le levier Z, et la goupille *d* avec le levier C. Le courant négatif va directement sur la ligne et le courant positif à la terre.

5e *combinaison.* — Pendant le deuxième tiers de l'espace blanc, le balancier prend une position oblique de droite à gauche. La goupille *a* s'abaisse (pl. XXXVII, *fig.* 2) et avec elle le levier A dont le manchon *s'* ne fait subir aucun déplacement au levier inverseur. La goupille *b* s'élève, mais l'aiguille V ayant rencontré la bande de papier non perforée en cet endroit, le levier B qui la porte ne peut continuer son mouvement ascensionnel et se sépare de la goupille *b*. Par suite le manchon *s* n'a pu déplacer le levier inverseur, qui conserve la position déterminée par la combinaison précédente.

Dans cette cinquième combinaison, la goupille *a* est en contact avec le levier A; la goupille *b* est éloignée du levier B; la goupille *c* est en communication avec le levier Z et la goupille *d* avec le levier C. Cela nous donne sur la ligne une émission négative de compensation et une émission positive à la terre.

6e *combinaison.* — Enfin, au troisième tiers de l'espace blanc, le balancier prend une position oblique de gauche à droite (*fig.* 3); la goupille *a* s'élève, mais le levier A ne peut la suivre, car l'aiguille V' est encore arrêtée par la bande de papier. Le manchon *s'* aura glissé sur le levier inverseur sans le déplacer; la goupille *b* s'abaisse et avec elle le levier B dont le manchon *s* glisse également sur le levier inverseur, sans non plus le déplacer.

Dans cette combinaison, la goupille *a* est séparée du levier A; la goupille *b* est en contact avec le levier B; la goupille *c* avec le levier Z, et la goupille *d* avec le levier C. Nous aurons donc sur la ligne une seconde émission négative de compensation, tandis que le courant positif s'en va à la terre.

Si l'espace blanc se prolongeait, les deux combinaisons qui se présenteraient alternativement seraient évidemment les deux dernières, puisque les aiguilles seraient tour à tour arrêtées par la bande de papier, et le levier inverseur maintenu dans la position qui lui a été donnée par la combinaison qui a commencé l'espace blanc.

Telles sont les combinaisons que nous offre le mécanisme de transmission de l'appareil transformé. Nous y reviendrons dans la seconde partie de notre étude et nous verrons les différences qui existent, au point de vue de la marche des courants, entre le transmetteur ancien modèle et le transmetteur transformé.

Ce dernier porte comme l'autre neuf bornes en laiton fixées sur le bâti en bois et communiquant avec un commutateur spécial disposé au-dessous de ce bâti. L'étude de ce commutateur, qui diffère du commutateur de l'appareil ancien modèle, appartient à la seconde partie de notre étude.

La *fig.* 1 (pl. VIII) nous représente l'ensemble du transmetteur ancien modèle avec son bâti vu de face.

La *fig.* 2 nous le montre vu de côté.

RÉCEPTEUR.

Le troisième appareil est le récepteur. Il reçoit les diverses émissions de courant du transmetteur et reproduit les signaux correspondant aux combinaisons de trous que présente la bande de papier perforée, comme nous l'avons vu, par le perforateur et entraînée par le transmetteur.

Il comprend :

1° *Un mouvement d'horlogerie*,
2° *Un électro-aimant*,
3° *Un mécanisme imprimeur.*

1° Mouvement d'horlogerie

Le mouvement d'horlogerie du récepteur est, comme celui du transmetteur, renfermé entre deux platines en cuivre verticales et parallèles, réunies au moyen de quatre forts boulons également en cuivre qui en assurent le parallélisme, et fixées sur un bâti ou boîte en bois, au moyen de deux fortes vis qui traversent le fond de cette boîte et s'engagent dans les boulons inférieurs. Cette première boîte repose sur une autre moins haute, mais beaucoup plus large, sur laquelle nous reviendrons en étudiant le mécanisme imprimeur (pl. XVII).

Entre les deux platines sont encastrés huit axes en fer. Les trois premiers à droite appartiennent au mouvement d'horlogerie proprement dit ; les autres ont des fonctions spéciales à remplir (pl. XVIII).

Le premier à droite traverse librement les deux platines entre lesquelles il porte un barillet ou cylindre creux qui renferme le ressort moteur de l'appareil. Ce ressort est une lame d'acier mince et aussi élastique que possible, enroulée en spirale autour de l'axe. A chaque extrémité il porte une ouverture appelée *œil* qui s'engage dans des griffes destinées à le fixer, l'une à l'axe, l'autre à la paroi intérieure du barillet. Celui-ci est fermé en avant par une plaque circulaire en cuivre et en arrière par une forte roue dentée faisant corps avec le cylindre (pl. XVIII). L'axe traverse librement cette roue dentée et la plaque circulaire en cuivre, ce qui permet au barillet de tourner autour de l'axe quand celui-ci est au repos. A l'extrémité de l'axe qui dépasse la platine antérieure s'adapte une clef percée en carré et servant à monter le mouvement, en tournant de gauche à droite. L'extrémité de l'axe qui dépasse la platine postérieure porte une roue à rochet R*o* (pl. XXI, *fig.* 1), dans les dents de laquelle s'engage un cliquet C*l* qui lui permet de tourner de gauche à droite, mais l'empêche de revenir en sens opposé. Un ressort en acier recourbé, fixé sur la platine postérieure au moyen d'une vis, presse par son extrémité libre sur le cliquet qu'il maintient engagé dans les dents de la roue de rochet. L'axe A^1 s'appuie en arrière sur une pièce en cuivre *Pc* recourbée deux fois à angle droit et fixée sur la platine au moyen d'une forte vis V.

La plaque circulaire qui ferme en avant le barillet porte une croix de Malte dont les dents sont à portée d'un doigt fixé sur l'axe moteur et qui a pour but d'arrêter le mouvement de remontage, lorsque le ressort est presque complétement tendu.

Le second axe A^2 (pl. XVIII) est encastré à gauche du premier. Il porte une roue dentée et, tout près et en avant de cette roue, un pignon qui engrène avec la roue dentée du barillet.

Le troisième axe A^3, placé encore à gauche du second, mais plus rapproché du bord supérieur des platines, porte en arrière un pignon qui engrène avec la roue dentée du second axe, et en avant, tout près de la platine antérieure, une roue dentée communiquant le mouvement au quatrième axe.

Le quatrième axe A^4 se trouve à gauche et un peu plus bas que le troisième. Il traverse les deux platines qu'il dépasse en avant et en arrière. En avant (pl. XIX, *fig*. 4), il se termine par un cylindre plein C*y*, sur lequel passe la bande de papier, comme nous le verrons plus tard. Entre les deux platines, il porte, tout près de la platine antérieure, un pignon engrenant avec la roue dentée du troisième axe A^3 ; puis, avant de traverser la platine postérieure, une petite roue dentée *ro*, pleine et soudée à un manchon M*n*, en cuivre, qui enveloppe l'axe et fait corps avec lui, jusqu'à son extrémité postérieure. Cet axe traverse une large fenêtre circulaire pratiquée dans la platine postérieure et son manchon porte en arrière une roue de champ R*d*. L'extrémité postérieure de cet axe s'appuie sur un cadre en laiton C*a* fixé sur la platine au moyen de deux fortes vis.

Le cinquième axe A^5, placé au-dessous et un peu à droite du quatrième, est encastré entre les deux platines. Il porte en arrière une petite roue dentée pleine, engrenant avec la petite roue dentée du quatrième axe et un pignon qui transmet le mouvement au sixième axe.

Le sixième axe A^6 est situé à droite et un peu au-dessous du cinquième. Il porte une petite roue dentée pleine qui engrène avec le pignon du cinquième axe et s'appuie en arrière sur la platine postérieure; mais, en avant, il traverse la platine antérieure qu'il dépasse et porte à son extrémité un disque en cuivre monté sur lui à frottement dur et appelé *disque encreur.*

Le septième axe A^7 est l'axe de la molette. Il se trouve au-dessus du sixième et porte en arrière une toute petite roue dentée engrenant avec la roue dentée du cinquième axe A^5. En arrière, il s'appuie sur la platine postérieure; mais, en avant, il traverse une petite ouverture circulaire pratiquée dans la platine antérieure et se termine par un petit disque très-mince appelé *molette*, et monté sur lui à frottement dur. L'axe A^7 occupe le centre de cette ouverture circulaire, mais, avant de la traverser, il repose sur un bras en cuivre et de forme particulière appartenant au mécanisme imprimeur.

Derrière la platine postérieure se meut, dans un plan parallèle à cette platine, une règle en cuivre R*g* (pl. XX, *fig.* 1 et 2) articulée, à droite, à l'extrémité inférieure d'un levier de même métal L*e* qui pivote autour d'une vis V[1] et porte à sa partie supérieure une petite poignée également en cuivre. Ce levier ou manivelle se promène le long d'un arc de cercle fixé par ses extrémités sur la platine postérieure, au moyen de deux vis. L'extrémité gauche de la règle R*g* (nous nous supposons, bien entendu, placé devant le récepteur) se termine par un cadre dont les deux montants supportent un axe portant un disque en acier appelé *disque régulateur* et semblable au disque régulateur du transmetteur, puis un large pignon engrenant avec la grande roue de champ R*d* du quatrième axe. La règle R*g* glisse entre quatre goupilles, deux à droite et deux à gauche, implantées dans la platine postérieure. De plus les têtes de deux vis *v* et *v'* maintiennent sans cesse le cadre dans un plan parallèle à la platine postérieure. Le montant de gauche du cadre (celui de droite sur la figure) peut s'enlever; il suffit pour cela de desserrer les deux vis qui le maintiennent. Cette disposition permet de démonter l'axe du disque régulateur.

Le disque régulateur, au moyen de son pignon, reçoit donc le mouvement de la roue de champ du quatrième axe. Puis il le transmet lui-même au huitième ou axe du volant, par le même procédé employé pour le volant du transmettenr, c'est-à-dire par pression, et après avoir traversé une large ouverture pratiquée dans la platine postérieure.

Une boîte cylindrique en cuivre T*a* ou tambour (pl. XVIII et pl. XXI, *fig.* 1), fixée au moyen de deux vis sur le cadre C*a*, recouvre entièrement la roue de champ R*d* et le disque régulateur qu'il met à l'abri de la poussière et des chocs de l'extérieur.

Le huitième axe A^8 ou axe du volant est situé tout à fait à gauche du mouvement d'horlogerie. Il est à peu près semblable à l'axe du volant du transmetteur et est encastré comme lui entre la platine postérieure et l'extrémité d'un ressort-lame fixé, au moyen de deux vis *v*, *v'* (pl. XXIV), sur la platine antérieure. Il s'appuie en avant sur la platine antérieure qu'il dépasse un peu, pour subir la pression d'un morceau d'agate incrusté à l'extrémité supérieure du ressort. L'action de ce ressort-lame se traduit par une pression continuelle du disque de l'axe du volant sur le disque régulateur. L'axe A^8 porte en plus des pièces faisant partie de l'axe du volant du transmetteur et décrites plus haut, un manchon en cuivre qui enveloppe sa partie la plus rapprochée de la platine antérieure, solidaire de l'axe et muni d'un doigt métallique qui sert, comme nous allons le voir, à l'arrêt et à la mise en marche du mouvement d'horlogerie.

Sur la platine antérieure et à gauche du ressort qui supporte en avant l'axe du volant, est disposé un double levier brisé (pl. XXI, *fig.* 2) qui a deux fonctions à remplir, l'une mécanique, l'autre électrique. Il se compose de deux parties formant chacune un levier. Chaque levier pivote autour d'un point fixe, le supérieur en V et l'inférieur en V'. La partie supérieure du levier L*r* est métallique et porte en arrière une petite goupille qui traverse une fenêtre circulaire pratiquée dans la platine antérieure et vient se placer sur le chemin parcouru par le doigt en cuivre porté par le manchon antérieur de l'axe du volant. La partie inférieure est en ébonite, afin de l'isoler, ainsi que le massif de l'appareil, du levier inférieur qui a une fonction électrique à remplir. Une petite poignée en cuivre P*o* est implantée dans l'ébonite et sert à faire fonctionner le double levier, lorsqu'on veut arrêter le mouvement d'horlogerie ou le faire marcher. Une entaille pratiquée dans l'extrémité inférieure de l'ébonite reçoit une petite goupille *a* portée par l'extrémité supérieure du second levier L'*r* qui n'est autre chose qu'une lame d'acier à bras égaux. Deux plaques circulaires de contact P*c* et P'*c* sont placées sur le bâti en bois, à portée de l'extrémité inférieure de ce dernier levier qui forme ressort et glisse à frottement dur de l'une sur l'autre, selon le mouvement qu'on lui fait exécuter, au moyen de la poignée P*o*. Nous verrons dans la partie électrique l'utilité de ces deux plaques.

La fonction mécanique que ce double levier brisé doit remplir est : 1° l'arrêt du mouvement d'horlogerie, lorsque la petite goupille qu'il porte à sa partie supérieure vient se placer dans le plan de rotation du doigt métallique de l'axe du volant ; 2° la mise en marche de ce mouvement, lorsque la goupille se dérobe au doigt métallique. Ce double résultat s'obtient en faisant opérer au levier supérieur, au moyen de la poignée P*o*, un mouvement de gauche à droite, et réciproquement.

Les divers organes que nous venons de décrire occupent au repos les positions suivantes :

La route dentée du barillet engrène avec le pignon

du second axe et le cliquet fixé sur la platine postérieure s'engage dans les dents de la roue de rochet et empêche cette roue et par suite l'axe moteur de tourner dans un sens opposé à celui du remontage.

La roue dentée de l'axe A^2 engrène avec le pignon de l'axe A^3 et la roue dentée de l'axe A^3, avec le pignon de l'axe A^4 (pl. XIX, *fig.* 1).

La petite roue dentée de l'axe A^4 engrène avec la petite roue dentée de l'axe A^5 et la roue de champ de l'axe A^4 engrène avec le pignon de l'axe du disque régulateur.

Le disque régulateur reçoit la pression du disque de l'axe du volant exercée par le ressort-lame fixé sur la platine antérieure.

Nous avons laissé la petite roue dentée de l'axe A^4 engrenant avec la petite roue dentée de l'axe A^5. Cette dernière roue engrène en même temps avec la petite roue de l'axe de la molette, et le pignon de l'axe A^5 engrène avec la roue dentée de l'axe du disque encreur.

Enfin, le doigt d'arrêt de l'axe du volant repose sur la goupille supérieure du double levier brisé dont la partie L*r* occupe une position oblique de droite à gauche.

Tendons maintenant le ressort du barillet, au moyen de la clef de l'axe moteur, et dérobons à la pression du doigt d'arrêt de l'axe du volant la goupille du levier brisé, en donnant à la partie supérieure de ce levier une direction oblique de gauche à droite.

La tension du ressort du barillet s'exerce sur la griffe fixée sur la paroi intérieure du cylindre et le barillet tourne de gauche à droite. La roue dentée communique le mouvement au pignon du second axe et le fait tourner de droite à gauche. La roue dentée du second axe transmet le mouvement au pignon du troisième qui tourne de gauche à droite et dont la roue dentée donne le mouvement au pignon du quatrième axe. Celui-ci tourne de droite à gauche, ainsi que la petite roue dentée qu'il porte entre les deux platines, le cylindre-laminoir qui le termine en avant et la roue de champ qui le termine en arrière. Cette roue met en mouvement le pignon du disque régulateur qui tourne d'avant en arrière et qui, par pression, fait tourner de droite à gauche le disque de l'axe du volant et cet axe lui-même.

L'axe A^4 communique encore le mouvement à la roue dentée de l'axe A^5 qui tourne de gauche à droite.

Le cinquième axe A^5 transmet à son tour le mouvement : 1° par sa roue dentée, à la roue dentée de l'axe de la molette qui tourne de droite à gauche ; 2° par son pignon, à la roue dentée que porte l'axe du disque encreur qui tourne alors de droite à gauche. Remarquons que la molette et le disque encreur tournent tous les deux dans le même sens.

Ainsi le mouvement se transmet directement d'axe en axe, depuis le barillet jusqu'au quatrième axe, où il se bifurque. D'un côté, il se communique d'axe en axe, jusqu'à l'axe du disque régulateur; puis, par pression, de ce disque à l'axe du volant. De l'autre, il est transmis d'axe en axe et par engrenage, jusqu'à la molette et le disque encreur.

Tels sont les divers organes qui composent le mécanisme d'horlogerie de l'appareil récepteur.

Dans l'étude du transmetteur, nous avons dit que la vitesse des appareils mus par des ressorts se ralentit au fur et à mesure que le ressort se détend. Le cas se présente dans notre récepteur dont la force motrice est donnée par un ressort; et si l'on a employé ce mode de production de force motrice, c'est que l'uniformité du mouvement n'est pas indispensable. La vitesse de transmission est réglée par le transmetteur, tandis que le récepteur ne joue qu'un rôle passif. Nous n'avons donc pas besoin d'un poids moteur dans notre récepteur; un ressort suffit. Mais encore ce mouvement donné par le ressort doit être régularisé autant que possible par le volant, dont le but est encore de faire équilibre à la force motrice.

Lorsque l'appareil entre en mouvement, la force motrice se communique d'axe en axe jusqu'à l'axe du volant. Celui-ci tourne d'abord lentement; puis, au fur et à mesure que la force motrice lui est appliquée, sa vitesse de rotation augmente progressivement. En vertu de la force centrifuge qui agit sur les ailettes, celles-ci s'écartent de plus en plus de leur position de repos; les roues auxquelles elles sont fixées font tourner la roue mobile qui tend progressivement le ressort du volant, en rapprochant les spires de l'axe. L'écartement des ailettes et la tension du ressort du volant augmentent donc jusqu'à ce que la surface des ailettes offerte à la résistance de l'air soit suffisante pour que l'équilibre soit établi entre cette résistance et la force motrice fournie par le ressort du barillet. Le mouvement est alors régularisé, mais il n'est pas uniforme ; car en se détendant, le ressort du barillet perd de sa force et il en résulte un ralentissement. Toutefois, cette régularité approximative est suffisante pour que le récepteur remplisse convenablement les fonctions dont il est chargé.

Dans le système automatique de M. Wheatstone est compris un manipulateur à double courant. La reproduction des signaux au moyen de ce manipulateur est évidemment plus lente que celle produite par la transmission automatique. Si donc, dans les deux cas, le récepteur conservait la même vitesse, nous obtiendrions des points et des traits d'une longueur exagérée dans la transmission avec le manipulateur. De plus, la longueur des signaux reçus doit varier selon le désir de l'employé qui les traduit et dont on doit faciliter autant que possible le travail. Il est donc de toute nécessité que l'on puisse modifier la vitesse du récepteur, sans toutefois changer la régularité approximative de son mouvement.

Le mécanisme employé est à peu près le même que dans le transmetteur et les organes sur lesquels on agit sont la roue de champ qui engrène avec le pignon de l'axe du disque régulateur, ce disque régulateur lui-même et le disque que porte l'axe du volant. Nous connaissons la construction du disque régulateur, de son axe et de la règle qui le porte. Nous savons que cette règle est articulée avec l'extrémité inférieure de la manivelle située derrière la platine postérieure et par conséquent doit en suivre tous les mouvements. Si nous portons à droite le levier *Le*, le disque régulateur s'éloignera du centre de la roue dentée R*d* et en même temps se rapprochera de l'axe du volant. Si au contraire nous portons à gauche le levier L*e*, nous rapprochons le disque régulateur du centre de la roue dentée R*d* et nous l'éloignons de l'axe du volant.

Dans le premier cas, la vitesse du récepteur diminue;

Dans le second, elle augmente.

Nous n'avons ici qu'un seul levier du premier genre, la puissance ou force motrice se communiquant directement par engrenage jusqu'à l'axe du disque régulateur. Ce levier a son point d'appui en A (pl XIX, *fig.* 2) au centre du disque du volant. La résistance est dans le ressort du volant et le point d'application de la puissance en P, au point de pression du disque régulateur sur le disque de l'axe du volant. Le levier de la résistance ne varie pas, tandis que celui de la puissance varie dans les deux cas, accélération ou ralentissement.

Si le levier AP de la puissance devient, dans le premier cas, AP′, le bras de levier de cette force est raccourci; la puissance diminue :

Ce que nous perdons en puissance, *nous le perdons en vitesse.*

L'appareil en effet ralentit.

Si au contraire le bras de levier de la puissance devient dans le second cas AP″, c'est-à-dire plus long, la puissance augmente :

Ce que nous gagnons en puissance, *nous le gagnons en vitesse.*

Le mouvement de l'appareil, en effet s'accélère.

Pour diminuer la vitesse du récepteur, il suffit donc de faire glisser le levier L*e*, de gauche à droite, sur l'arc de cercle gradué et, pour l'augmenter, de le faire glisser de droite à gauche.

Deux goupilles implantées dans la platine postérieure limitent la course de ce levier; mais cette course peut être limitée encore par deux petites mâchoires métalliques M, N (pl. XX, *fig.* 1) mobiles, à cheval sur l'arc de cercle et dont les côtés sont traversés par des vis de serrage (pl. XXV, *fig.* 3) qui permettent de les fixer sur l'arc gradué.

2° Électro-aimant.

L'organe électro-magnétique comprend un aimant artificiel permanent et un électro-aimant.

L'aimant artificiel permanent est contourné en forme de fer à cheval très-ouvert (pl. XXII), et est placé debout dans la boîte supérieure formant une partie du bâti de l'appareil, ses deux pôles dirigés en avant. Il est fixé inférieurement, au moyen de deux fortes vis V^1 et V^2 (pl. XXIII, *fig.* 3), sur une plaque en cuivre AB et pressé latéralement par les têtes de deux autres vis V^3 et V^4 qui s'engagent dans cette même plaque. Il est également pressé en haut entre les têtes de deux vis V^7 et V^8 (pl. XXII et XXIII, *fig.* 4) implantées l'une à droite, l'autre à gauche, dans le prolongement d'une équerre en cuivre CD vissée sur la platine antérieure. Ses deux pôles portent une échancrure circulaire (pl. XXVII, *fig.* 2) dans laquelle pivote, mais sans contact, une palette en fer doux F.

En avant de l'aimant sont placées deux bobines séparées (pl. XXVII), l'une à droite, l'autre à gauche des pôles de l'aimant. Sur les noyaux en fer doux et entre les deux joues de chaque bobine est enroulé, dans un sens déterminé, un long fil de cuivre recouvert de soie. Aux extrémités de chaque noyau sont vissées deux plaques polaires P^1, P^3 et P^2, P^4 également en fer doux, placées horizontalement et dont les extrémités libres sont tournées vers l'intérieur de l'électro-aimant. Ces plaques polaires ne sont autre chose que les prolongements des pôles des noyaux. Les bobines sont fixées entre les plaques AB et CD qui retiennent l'aimant, au moyen de fortes vis V^5 et V^6, V^9 et V^{10} qui traversent ces plaques et s'engagent dans les plaques polaires. Chaque bobine est recouverte d'une enveloppe en papier qui protége le fil enroulé autour d'elle.

Dans chacun des pôles de l'aimant permanent pivote une armature ou palette en fer doux F et G, montée sur un axe en cuivre H, commun aux deux armatures et encastré entre la plaque AB qui supporte en bas l'aimant permanent, et une autre plaque en cuivre ou pont II' (pl. XXII et XXIII, *fig.* 6), vissée sur l'équerre CD. Ces deux armatures s'avancent vers les plaques polaires de façon à pouvoir osciller entre ces plaques, sous l'action de la force magnétique développée dans les bobines par le passage du courant. Elles pivotent, mais sans contact, dans les pôles mêmes de l'aimant fixe et acquièrent les propriétés magnétiques sous l'influence de l'aimant. Si, par exemple, une des deux armatures se trouve en présence du pôle austral de l'aimant, il se forme aussitôt, dans la partie la plus rapprochée de l'aimant, un pôle de nom contraire, c'est-à-dire un pôle boréal, et à l'autre extrémité, un pôle austral, c'est-à-dire de même nom que celui de l'aimant. On peut donc considérer les deux armatures comme les prolongements de l'aimant permanent. Si les deux armatures touchaient l'aimant, elles seraient encore le prolongement de l'aimant, avec cette différence que les deux pôles de nom contraire en présence, dans le cas de non-contact, n'existeraient pas lorsqu'il y a contact.

Les pôles que présentent les extrémités libres des palettes agissent à leur tour par influence sur les plaques polaires correspondantes et, dans les extrémités libres de ces plaques, se développe un pôle de nom contraire à celui de la palette. Ces influences des palettes sur les plaques polaires n'existent qu'autant que le fil des bobines n'est parcouru par aucun courant. Mais dès qu'un courant circule dans les bobines, tout est changé et la détermination des pôles dépend du sens du courant autour des noyaux de fer doux.

Nous étudierons dans la partie électrique l'enroulement du fil sur les noyaux et les effets magnétiques produits par la marche des courants.

La palette inférieure porte une petite tige *d* qui se dirige obliquement (pl. XXIII, *fig.* 5) de haut en bas et d'arrière en avant, vers les pointes de deux vis de réglage *v* et *v'* (pl. XXVII, *fig.* 3) entre lesquelles elle oscille. Ces deux vis traversent deux saillies *s* et *s'* que présente en avant la plaque en cuivre AB supportant inférieurement l'aimant. Leur but est de limiter les oscillations des palettes et de les empêcher de toucher les plaques polaires. Nous verrons plus tard que leurs extrémités libres sont très-rapprochées l'une de l'autre, afin de diminuer autant que possible l'amplitude des oscillations de la palette.

3° Mécanisme imprimeur.

Nous connaissons déjà deux organes qui font partie du mécanisme imprimeur ; ce sont la molette et le disque encreur.

Nous avons vu dans la description du mouvement d'horlogerie, que le sixième axe A^6 traverse la platine antérieure qu'il dépasse en avant et se termine par un disque en cuivre assez épais appelé *disque encreur*.

Nous avons vu également que le septième axe A^7 se prolonge en avant de la platine antérieure et porte à son extrémité un petit disque très-mince appelé *molette*. Cet axe, avant de traverser la petite ouverture circulaire pratiquée dans la platine, est supporté par un bras en cuivre de forme particulière J (pl. XXII) qui fait corps avec l'axe H des palettes, se dirige horizontalement vers la platine antérieure, se recourbe à angle droit pour remonter le long de cette platine et porte à son extrémité libre une petite échancrure circulaire O (pl. XXV, *fig.* 4) dans laquelle passe l'axe de la molette (*fig.* 7). Toute la surface latérale droite de ce bras est tapissée d'un ressort-lame *r* se recourbant à angle droit comme le bras lui-même et fermant l'échancrure dans laquelle il emprisonne l'axe de la molette. Il est fixé en arrière sur le bras, au moyen de deux petites vis et a pour but d'amortir les petits chocs de la molette contre le petit cylindre métallique ou enclume sur lequel passe la bande de papier, comme nous le verrons bientôt. On évite ainsi les vibrations de la molette qui nuiraient à la reproduction nette des signaux en décomposant les traits en deux ou plusieurs points.

Le bras J que nous venons de décrire est le trait d'union entre la molette et les armatures. On voit en effet que, grâce à cette disposition, l'axe de la molette et par conséquent la molette elle-même suivront tous les mouvements du bras J qui les supporte, c'est-à-dire toutes les oscillations de l'armature, puisque l'axe de la molette devient tout à fait solidaire de l'axe des palettes. L'axe de la molette et les deux armatures se trouvent placés dans un même plan vertical. Donc lorsque les palettes seront attirées à droite ou à gauche, la molette suivra le mouvement et se rapprochera ou s'éloignera de la bande de papier qui déroule à sa portée.

La molette et le disque encreur sont montés sur deux manchons qui s'engagent à frottement très-dur sur l'extrémité antérieure de leur axe respectif. Ils sont situés dans un même plan vertical (pl. XXVI, *fig.* 1), parallèle à la platine antérieure, la molette *mo* au-dessus et un peu à gauche du diamètre vertical du disque encreur, mais ne se touchent pas (pl. XXXIX, *fig.* 1). Au-dessous du disque encreur *de* se trouve un bassin K rempli d'encre oléique dans laquelle il plonge à moitié et se recouvre d'une légère couche d'encre. La circonférence du disque est munie d'une petite gorge qui se remplit également d'encre oléique en obéissant à l'attraction capillaire. Cette encre vient alors toucher légèrement la molette qui, par ce moyen, ne prend sur le disque que la quantité d'encre strictement nécessaire pour l'impression. Le mouvement de rotation des deux organes ayant lieu dans le même sens, favorise encore ce résultat. On évite alors les bavures qui résulteraient de l'encre déposée en trop grande quantité sur la bande de papier.

Le bassin, large et peu profond, est en cuivre. Il porte à droite un prolongement horizontal N qui s'applique sous la branche horizontale d'une équerre en cuivre LL' vissée sur la platine antérieure (pl. XXIV) et dans lequel s'engage une vis spéciale qui sert à le fixer au-dessous de cette équerre. Cette vis M est une vis à main s'appuyant en bas, au moyen d'un épaulement circulaire *a*, sur l'équerre, et maintenue en haut par une autre petite équerre *c''* en cuivre, vissée sur la platine antérieure. L'équerre LL' se prolonge un peu au-dessus du bassin où elle présente une échancrure *c* dans laquelle s'engage librement une vis V servant à fixer le couvercle du bassin (pl. XXV, *fig.* 6). Ce couvercle se compose de deux parties (*fig.* 5 et 6), l'une fixe P, grâce à la vis de serrage V dont nous venons de parler, et l'autre mobile O et réunie à la première au moyen d'une charnière. Cette partie mobile prend en avant la forme circulaire du bassin, tandis que la partie fixe affecte une forme toute particulière qui lui permet de recouvrir non-seulement la partie postérieure du bassin, mais encore le disque encreur et la molette, pour les préserver de la poussière et des chocs de l'extérieur.

Un petit tablier *f* et *f'* recourbé et fixé sur la platine, au moyen de deux vis, les protége à gauche. Une petite fenêtre elliptique pratiquée dans ce tablier, en face de la molette, permet à cet organe de venir frapper la bande de papier qui déroule devant cette fenêtre.

Au-dessus de cette fenêtre est soudé sur le tablier *ff'* un petit guide en cuivre *i* destiné à maintenir la bande bien appliquée sur un petit cylindre ou enclume *k*, en acier, implanté dans la platine antérieure et s'avançant en face de la fenêtre elliptique à la portée de la molette. C'est donc cette enclume qui reçoit tous les chocs de la molette. Elle présente en avant un biseau qui a pour but de faciliter l'entrée du papier entre elle et le guide *i*.

A gauche de l'enclume *k* se trouve immédiatement un cylindre en cuivre Q que nous connaissons déjà. Il est porté par l'extrémité antérieure de l'axe A^4.

Au-dessus de ce cylindre s'en trouve un autre également en cuivre Q' (pl. XXIV et pl. XXV, *fig.* 1), monté sur une fourchette F*o* de même métal, formant levier et susceptible de pivoter autour d'une vis à portée *v*. Ce cylindre porte sur sa circonférence une rainure circulaire au-dessous de laquelle passent les signaux imprimés sur la bande, qui sont, par ce moyen, préservés de tout contact étranger et conservent leur netteté. La branche antérieure de la fourchette est fixée au moyen d'une vis, ce qui permet de démonter le cylindre à volonté. La fourchette, avons-nous dit, forme levier : le bras droit de ce levier repose sur l'extrémité libre d'un fort ressort lame RI vissé sur la platine et exerçant de bas en haut sur ce levier une pression qui se traduit par une autre pression exercée sur le cylindre Q par le cylindre Q'. Grâce à cette pression, le cylindre inférieur Q, mû par le mécanisme d'horlogerie, donne le mouvement au cylindre Q' qui tourne alors en sens contraire du premier. C'est entre ces deux cylindres que se trouve pressée la bande de papier entraînée alors de droite à gauche.

Une petite manette en cuivre M*c*, située au-dessus et un peu à droite de la fourchette, pivote autour d'une vis à portée v^2 et se termine inférieurement par un biseau qui s'applique exactement sur un biseau semblable taillé dans le bras droit de la fourchette. Cette manette sert à faire pivoter la fourchette pour empêcher le déroulement de la bande. Sa course est limitée à gauche par une petite goupille implantée dans la platine, et à droite par la rencontre de son extrémité inférieure avec un renflement que porte la fourchette à son point de pivotement.

A gauche du bassin se trouve un guide-papier T en cuivre de forme particulière (pl. XXV, *fig.* 2). Il se compose d'une tige et d'une tête. La tête a la forme d'une plaque à peu près retangulaire et la tige, assez forte, se termine en arrière par une vis qui traverse la platine, se prolonge au delà pour s'engager enfin dans un bras métallique *x* portant à son extrémité libre une échancrure profonde dans laquelle s'engage une goupille *g* implantée dans la platine. Le but de cette goupille est d'empêcher le bras métallique de suivre les mouvements du guide pendant le réglage de cet organe. La tige traverse également un ressort-lame à trois branches ou pattes recourbées, tendu entre la platine et le bras x. Ce ressort exerce constamment une pression d'avant en arrière sur le bras x et sert à consolider le guide et à le maintenir dans la position qui lui a été assignée par le réglage. Enfin, en arrière, la tige du guide est traversée par une petite cheville *h* qui limite sa course d'arrière en avant.

Une plate-forme S sur laquelle déroule la bande en quittant les deux cylindres Q et Q' est fixée horizontalement sur la platine, à gauche de ces cylindres, et une petite borne en cuivre Y, vissée sur la plate-forme, guide la bande à sa sortie des cylindres.

La boîte en bois qui renferme les bobines est assujettie sur une autre boîte, au moyen d'un cadre formé de moulures, et maintenue par deux fortes vis traversant le couvercle de la boîte inférieure et s'engageant dans les petits côtés de la boîte supérieure, de façon à rendre les deux boîtes solidaires l'une de l'autre (pl. XVII, *fig.* 1 et 2).

La boîte inférieure moins haute, mais beaucoup plus large que l'autre, contient le rouet sur lequel est placé le rouleau de papier. Elle renferme un tiroir qui porte directement le rouet et est muni en avant d'un petit bouton en cuivre. Le rouet est horizontal et pivote autour d'un axe vertical fixé sur le fond du tiroir. Il est situé entre le fond du tiroir et un encadrement circulaire faisant saillie et présentant à droite une échancrure pour laisser passer la bande. Celle-ci, en quittant le rouet, traverse donc cette échancrure, passe à droite d'un petit cylindre en bois porté par l'extrémité libre d'un long ressort-lame en cuivre fixé sur le fond du tiroir, se dirige ensuite, parallèlement au bord antérieur du tiroir, vers un second cylindre en bois monté sur un support en cuivre vissé sur le devant du tiroir, remonte verticalement pour traverser une fente pratiquée dans le couvercle de la boîte inférieure et la moulure antérieure, se dirige vers le guide T, passe à droite de l'enclume *k* située en face de la molette, puis entre les deux cylindres Q et Q' et enfin sur la plate-forme.

Le rouet est d'un plus grand diamètre que l'ouverture circulaire qui le domine. On ne peut donc pas l'introduire par cette ouverture. Alors on a fait le fond du tiroir mobile et on l'a fixé au moyen de vis.

La boîte supérieure présente en avant une large ouverture carrée qui permet de découvrir l'organe électro-magnétique (pl. XXVII, *fig.* 3) et est fermée hermétiquement par une plaque en cuivre (pl. XVII, *fig.* 1) maintenue sur la boîte, au moyen de quatre vis. Cette plaque descend derrière la moulure antérieure dont la partie médiane, dans toute la largeur de la plaque UU', est mobile autour de deux charnières. Cette moulure mobile s'abaisse, lorsqu'on a déplacé un levier qui la supporte et qui est fixé au-dessous du couvercle de la boîte à tiroir, au moyen d'une vis lui servant de pivot. Le milieu de la plaque UU' est occupé par une petite manette en cuivre M'*c* (pl. XXI, *fig.* 2) dont le pivot traverse la plaque (pl. XXVI, *fig.* 2 et 3) et supporte en arrière une petite plaque, à peu près rectangulaire *b*, engagée sur l'axe et maintenue au moyen d'un écrou. A la partie inférieure de cette petite plaque sont soudées deux petites tiges en laiton, flexibles et parallèles *l*, *l'*, se dirigeant vers la palette inférieure et se recourbant en arrière à angle droit. Sur la palette inférieure est implantée une petite tige *t* qui s'engage entre les extrémités libres de ces deux laitons dont la course est limitée par deux goupilles fixées dans la plaque UU'. Le but de cette manette est de permettre de s'assurer, en la faisant osciller de droite à gauche, et réciproquement, si les palettes et la molette fonctionnent bien, sans qu'il soit nécessaire d'enlever la plaque UU'. Les oscillations de la manette M'*c* se communiquent, par l'intermédiaire des laitons, à la tige que porte la palette inférieure. Il est à remarquer qu'à cause de la flexibilité des laitons, un grand effort exercé sur la manette ne produit sur la palette qu'une secousse très-légère.

Au-dessus du bassin, la platine est traversée par un manchon *jj'* (pl. XXII) en cuivre, solidaire d'un bloc *bo* de même métal, vissé sur la platine. Un axe traverse à frottement doux ce manchon et porte en avant un disque en cuivre D*r* gradué (pl. XXIV). Il se prolonge en arrière au delà du manchon et se termine par un petit cylindre creux ou tambour *ta* muni d'une échancrure. Le disque porte sur sa circonférence une rainure circulaire garnie de petites dents donnant à ce disque l'aspect d'une roue dentée. Il engrène avec une vis sans fin V*m* montée sur la platine antérieure, entre deux équerres *ee'*, l'une inférieure en acier et l'autre supérieure en cuivre. La vis sans fin occupe seulement la partie inférieure d'une longue tige se terminant en haut par une tête. Le tout forme une vis à main, au moyen de laquelle on imprime au disque gradué un mouvement circulaire de gauche à droite et réciproquement, selon les besoins du réglage.

Le fond du tambour qui termine en arrière l'axe du disque gradué porte, de chaque côté de son échancrure, deux vis qui retiennent les extrémités d'une petite chaînette *ch* (pl. XXIII) appelée chaînette de réglage. La plaque CD fixant en haut l'organe électro-magnétique porte, l'une à droite, l'autre à gauche, dans le plan du tambour, deux petites poulies *po*, *po'* perpendiculaires à cette plaque (pl. XXIII, *fig.* 4 et 6). La chaînette partant de la vis de gauche du tambour, sort de l'échancrure, passe sur le tambour, s'engage sous la gorge de la poulie de droite *po*, se dirige vers la gorge de la poulie de gauche *po'*, parallèlement à la plaque CD, et remonte au-dessus du tambour dans lequel elle rentre par l'échancrure, pour aller enfin s'attacher à la vis de droite. La chaînette décrit ainsi un triangle dont la base est parallèle à la plaque CD et se trouve un peu en avant de l'axe des palettes.

Un peu au-dessous du bras J, support de l'axe de la molette, se trouve un doigt en cuivre d^2 solidaire de l'axe H (pl. XXII), parallèle aux palettes et s'avançant jusqu'au-dessus de la chaînette. Il se termine par un petit anneau auquel est relié un ressort à boudin fixé d'autre part à la partie de la chaînette comprise entre les deux poulies. On comprend facilement que si la chaînette se déplace de gauche à droite, la partie inférieure du ressort se portera à droite et exercera sur le doigt d^2, et par suite sur la palette et la molette, une traction vers la droite. Le contraire a lieu quand la partie horizontale de la chaînette marche de droite à gauche. En manœuvrant la vis à main qui engrène avec le disque gradué, on fait tourner ce disque; le tambour suit le mouvement et entraîne la chaînette dans un sens ou dans l'autre, selon la direction du mouvement communiqué à la vis à main.

Les divisions du disque ne s'étendent que sur les deux tiers environ de sa circonférence, son déplacement n'étant jamais considérable. Lorsque le ressort à boudin r^2 occupe une position verticale, le zéro se trouve en haut, sur le diamètre vertical du disque et sous la pointe d'un petit indicateur *in* (pl. XXIV) implanté dans la platine antérieure. De chaque côté du zéro se présentent les divisions. A gauche du zéro est gravée la lettre M (*mark, signaux marquants*), et à droite, la lettre S (*space, espaces blancs*). Lorsque les divisions tracées à gauche du zéro passent sous l'indicateur *in*, on favorise les signaux marquants, ce qui, dans l'appareil Morse, correspond à détendre le ressort antagoniste. Lorsqu'au contraire passent sous l'indicateur les divisions de droite, on favorise les espaces blancs, ce qui équivaut à tendre le ressort antagoniste de l'appareil Morse. Mais en tendant le ressort dans un sens ou dans l'autre, il faut avoir soin de ne pas dépasser les divisions maximum du disque gradué. Par ce moyen, on évitera une tension exagérée du ressort et l'on ne s'exposera pas à briser la chaînette. D'ailleurs une petite vis placée derrière le disque, au-dessous du zéro, arrête forcément ce disque lorsqu'elle rencontre l'une ou l'autre des vis fixant le manchon *bo* sur la platine.

Dans les notions générales qui précèdent notre

étude, nous avons dit que l'armature n'a pas de ressort de rappel, qu'elle est inerte entre les pôles des bobines. Le ressort à boudin de la chaînette ne peut être considéré comme ressort antagoniste. Dans les appareils Morse ou Hughes, les palettes possèdent des ressorts antagonistes qui ont pour but de les ramener à la position qu'elles occupaient avant le passage du courant. Dans l'appareil Wheatstone, malgré le ressort de la chaînette, la palette reste là où le courant positif ou négatif l'a attirée. Nous avons donc raison de dire que la palette n'a pas de ressort antagoniste. Le ressort à boudin de la chaînette n'est qu'un ressort de sensibilité.

Toutefois si l'on veut faire fonctionner le récepteur sous l'action d'un seul courant, positif ou négatif, la chaînette de réglage peut servir de ressort antagoniste. Une forte tension du ressort remplacera l'action du courant inverse, mais alors le courant reçu doit être faible.

Nous reviendrons plus tard sur l'utilité de cette chaînette.

PARTIE ÉLECTRIQUE

Sous ce nom, nous comprenons toutes les communications du système automatique et la marche des courants, c'est-à-dire tous les organes qui intéressent la propagation des courants émis ou reçus.

Nous établirons trois grandes divisions dans cette seconde partie de notre étude, savoir :

1° *Étude des Commutateurs ;*

2° *Étude des Communications électriques ;*

3° *Marche des Courants.*

1° COMMUTATEURS.

MANIPULATEUR.

Le premier des instruments à étudier est le manipulateur, que l'on peut encore désigner sous le nom de *Manipulateur-commutateur*. Cette dénomination nous indique déjà que cet instrument a une double fonction à remplir. Il sert en effet à la manipulation à la main et à modifier les communications quand on passe de la transmission à la réception et réciproquement.

Dans tous les appareils, le manipulateur sert à former les signaux. Nous avons vu que dans le système automatique de M. Wheatstone, l'appareil qui forme les signaux est le Transmetteur. Les signaux sont alors transmis automatiquement. Mais nous avons un manipulateur qui peut remplir le même but, manipulateur à double courant, manœuvré par la main de l'employé. La manipulation est identique à celle du système Morse, mais les signaux sont reproduits d'une tout autre manière : de là la forme particulière donnée à ce manipulateur.

Il se compose d'un socle en bois rectangulaire AB (pl. XXVIII, *fig.* 2) sur lequel est fixé un support métallique DE en forme de fourchette. Dans cette fourchette se meut un levier dont l'un des bras G est horizontal et en cuivre, et l'autre vertical I en fer (*fig.* 3). Le premier se meut alors verticalement et le second horizontalement autour d'un axe F qui traverse les deux branches de la fourchette. Le bras vertical est fixé sur l'axe commun, au moyen de trois petites vis, et l'une des branches E de la fourchette, maintenue au moyen de deux vis, peut s'enlever pour permettre de démonter le levier. L'extrémité libre du bras horizontal porte une poignée isolante H (*fig.* 1); au-dessous de cette extrémité se trouve une enclume qui ne joue aucun rôle électrique et dont la partie supérieure est recouverte d'une rondelle de caoutchouc destinée à amortir les chocs de la poignée sur l'enclume.

Le bras vertical I traverse le support DE ainsi que le socle, au-dessous duquel il fait saillie, et se termine en forme de fourchette dont les deux bras supportent un petit galet métallique *g* (*fig* 3). Ce galet se meut horizontalement et est engagé dans une ouverture rectangulaire pratiquée dans une plaque en ébonite J, mobile sous le socle. La face inférieure de cette plaque (pl. XXIX, *fig.* 1) porte deux blocs en cuivre K et L fixés au moyen de vis. Le bloc de droite n'est autre qu'une petite règle munie d'une saillie parallèle à l'axe du galet et tangente à ce galet. Le bloc de gauche est une double équerre dont les branches horizontales, réunies, maintiennent l'extrémité d'un fort ressort-lame R' fixé d'autre part dans un autre bloc solidaire d'une plaque en cuivre A*p* vissée sur le socle.

La plaque en ébonite peut osciller d'avant en arrière et *vice versa*, sous l'action du bras vertical du levier de manipulation dont elle suit tous les mouvements, grâce à l'élasticité du ressort R'.

Sur les blocs K et L' sont fixés, au moyen de vis, deux ressorts-lames *r* et *r'* dont les extrémités libres, garnies de plaques de contact, s'appuient sur deux petites colonnes en cuivre *a* et *b* implantées dans deux plaques en cuivre C*u* et Z*n* vissées sur le socle. Une troisième colonne *c* est également implantée dans la plaque C*u* qui porte alors deux colonnes, tandis que la plaque Z*n* n'en porte qu'une. Sous la double action du galet *g* et du ressort-lame R', les ressorts *r* et *r'* suivent les oscillations de la plaque en ébonite J et les surfaces de contact de ces ressorts oscillent dans les intervalles des trois colonnes. Tantôt les plaques touchent les colonnes *a* et *b*, tantôt les colonnes *b* et *c*. Au repos, les plaques de contact touchent les colonnes *a* et *b*; mais lorsqu'on appuie sur le levier de manipulation, son bras vertical pousse en arrière la plaque en ébonite et le ressort R′ cède sous la pression. Les deux plaques de contact se mettent en communication avec les colonnes *b* et *c*. Lorsqu'au contraire on relève la main, le ressort-lame R′, qui tend à reprendre sa première position, ramène en avant la plaque en ébonite ainsi que le bras vertical du levier de manipulation dont le bras horizontal se relève. Dans ce mouvement les deux plaques de contact sont venues se mettre en communication avec les colonnes *a* et *b*, c'est-à-dire que tout revient à l'état de repos.

Le socle porte cinq bornes qui le traversent et viennent s'engager dans cinq plaques vissées sous le manipulateur. La borne C est reliée à la plaque C*u* que nous connaissons déjà et qui porte les deux colonnes *a* et *c*. La borne Z est reliée à la plaque Z*n* que nous connaissons également et qui porte la colonne *b*. Entre ces deux bornes s'en trouve une troisième R s'engageant dans une petite plaque rectangulaire vissée entre les plaques C*u* et Z*n*.

De chaque côté du support du levier de manipulation se trouvent deux autres bornes L et T reliées également à deux plaques rectangulaires vissées sous le socle. Un petit ressort à boudin *x* relie la plaque T au bloc L′ de la plaque en ébonite en relation avec le galet.

Tel est notre manipulateur considéré simplement comme manipulateur. Examinons-le maintenant au point de vue du commutateur.

Entre la plaque en ébonite et le bord antérieur du socle se trouvent vissées quatre plaques de formes diverses.

Deux, A*p* et B*p*, sont recourbées à angle droit. Une troisième, moins épaisse que les deux premières (nous verrons tout à l'heure pourquoi), a la forme d'une équerre dont l'une des branches s'engage entre les deux plaques A*p* et B*p*, mais sans contact. Enfin, une quatrième plaque L*i* porte le pivot d'un levier ou manette dont le bras antérieur traverse une échancrure pratiquée dans le socle et porte à son extrémité une poignée isolante. L'autre bras se dirige vers les plaques A*p* et B*p* avec lesquelles il se met en contact, selon la position assignée à la manette M.

Nous avons dit que la plaque N*p* est moins épaisse que les autres; c'est afin que cette plaque, placée sous la manette, ne puisse jamais la toucher. Toutefois son extrémité postérieure reprend la même épaisseur que les deux autres, afin que le levier manette puisse se mettre en contact avec elle, à un moment donné seulement. La course de la manette est limitée par les bords mêmes de l'échancrure pratiquée dans le socle.

Le manipulateur que nous venons de décrire est le nouveau modèle. L'ancien modèle présente quelques différences. Les plaques C*u* et Z*n*, T et L, ainsi que les bornes C et Z, T et L, sont interverties. La manette M est remplacée par un levier en cuivre PP′ (pl. XXVIII, *fig.* 4) pivotant autour d'une vis qui traverse l'extrémité libre d'un support en cuivre S vissé sous le socle. Le levier supporte sur ses extrémités deux pistons Q et Q′, de forme particulière, qui traversent le socle et se terminent en haut par des plaques isolantes et concaves. La partie inférieure de ces pistons, articulée avec le levier PP′, est en ébonite, afin de les isoler l'un de l'autre. Les tiges glissent entre les lames de contact *a*, *b*, *c*, *d*, *e* fixées sous le socle (pl. XXIX, *fig*. 2). Deux lames *a* et *b* sont en relation avec le piston Q et trois *c*, *d*, *e* avec le piston Q'. Le piston Q porte à gauche et vers le milieu de sa tige une entaille destinée à l'isoler à un moment donné de la lame *a*. Le piston Q' porte également à gauche, mais à sa partie inférieure, une entaille qui doit l'isoler au besoin de la lame *c*; puis en avant et vers son milieu, une seconde entaille dont le but est également de l'isoler de la lame *e*, lorsque cela est nécessaire.

Si l'on abaisse le piston Q, le levier PP' pivote autour de son point de suspension et le piston Q' s'élève. Le piston Q est alors en contact avec la lame *b*; en même temps le piston Q' touche les deux lames *d* et *e*, mais est séparé de la lame *c* : c'est, comme nous le verrons bientôt, la position de réception (pl. XXVIII, *fig*. 6).

Si, au contraire, on abaisse le piston Q', l'autre s'élève. Toutes les lames sont en communication avec leur piston respectif, à l'exception de la lame *e* qui reste isolée du piston Q', grâce à l'entaille supérieure de ce piston : c'est la position de transmission (*fig*. 5).

COMMUTATEUR DU TRANSMETTEUR.

Nous avons dit en décrivant le huitième axe du transmetteur, c'est-à-dire l'axe de la manette M*a* (pl. XI, *fig*. 5), qu'un bras de levier solidaire de cet axe traversait le bâti de l'appareil et faisait fonctionner un commutateur à trois branches fixé sous le transmetteur. C'est ce commutateur que nous allons étudier, sans nous occuper des communications que nous réservons pour le chapitre consacré à l'étude des communications électriques.

Le bras de levier L*c* que porte l'axe de la manette A^8, après avoir traversé le bâti, vient s'articuler avec une règle en cuivre *p* (pl. XXX, *fig.* 1) vissée sur une autre règle suffisamment longue XX' en ébonite, afin d'isoler du massif de l'appareil les diverses pièces avec lesquelles elle est en relation. Elle est articulée avec trois lames d'acier parallèles et vissées sur trois plaques C*u*, L*i* et Z*n* fixées sur le bâti en bois et occupant le centre de ce bâti. La première A est un levier à bras égaux articulé en *v* et pivotant autour de la vis V implantée dans la plaque C*u*. La seconde B et la troisième C, articulées en *v'* et *v''*, ne forment chacune qu'un bras de levier pivotant, l'un autour de la vis V' implantée dans la plaque L*i*, l'autre autour de la vis V'' implantée dans la plaque Z*n*.

Chacune des lames A, B, C peut se mettre en communication avec deux plaques plus petites situées à sa portée. Ainsi le bras inférieur de la lame A peut se mettre en relation avec l'une ou l'autre des plaques *a* et *b*. La lame B peut également se mettre en contact avec l'une ou l'autre des plaques *c* et *d*, et enfin la lame C, avec l'une ou l'autre des plaques *e* et *f*.

Si par exemple on ouvre le transmetteur, c'est-à-dire si l'on pousse la manette M*a* à droite, l'axe A^8 porte à gauche son bras inférieur qui entraîne la règle XX' et les trois lames A, B et C. La lame A se met en contact avec la plaque *b* (*fig.* 2), la lame B avec la plaque *c* et la lame C avec la plaque *e*.

Si, au contraire, on ferme le transmetteur, le mouvement de la règle en ébonite et des lames est inverse. La lame A se met en communication avec la plaque *a* (*fig.* 1); la lame B, avec la plaque *d* et la lame C, avec la plaque *f*.

N'oublions pas que nous avons étudié deux transmetteurs, l'ancien modèle et le nouveau. La partie du commutateur que nous venons de décrire est identique dans les deux transmetteurs (pl. XXX et XXXI), mais une légère différence existe dans d'autres petites plaques qui s'ajoutent à l'ensemble du commutateur proprement dit et que nous mentionnerons simplement en passant, puisqu'elles rentrent dans l'étude des communications électriques.

Dans le transmetteur ancien modèle, ces plaques supplémentaires sont au nombre de trois (pl. XXX). L'une, L*g*, reçoit l'extrémité inférieure de la vis qui traverse le bâti et est reliée, au moyen d'un ressort à boudin, à la goupille de gauche du balancier. L'autre, T*g*, reçoit également l'extrémité inférieure d'une vis qu'un ressort à boudin relie à la goupille de droite du balancier. La troisième enfin est la plaque E en communication, comme nous le verrons bientôt, avec la caisse de résistance.

Dans l'appareil transformé, il existe quatre plaques supplémentaires. Les deux premières L*g* et R*g* (pl. XXXI) sont, comme dans l'ancien modèle, reliées, au moyen de ressorts à boudin, aux goupilles du balancier. La troisième E communique, non pas avec la caisse de résistance, mais avec la terre. La quatrième *Re*, située au-dessous de la plaque *Cu* sur le dessin, et en avant sur l'appareil, communique avec les bobines de résistance. Cette dernière est moins épaisse que les autres, afin que la lame qui se meut au-dessus d'elle ne puisse jamais la toucher.

COMMUTATEUR DU RÉCEPTEUR.

Dans le récepteur nous avons aussi un commutateur. En faisant la description de cet appareil, nous avons dit que le levier brisé a un double rôle à remplir, rôle mécanique et rôle électrique. Nous connaissons le rôle mécanique, étudions le rôle électrique.

Nous avons dit que deux plaques circulaires P*c* et P'*c* (pl. XXI, *fig*. 2) fixées sur le bâti de l'appareil à la portée de l'extrémité inférieure du levier brisé, peuvent entrer en relation avec cette extrémité, selon le mouvement que l'on fait exécuter au levier brisé. Là est notre commutateur. Le pivot P*i* du levier inférieur communique avec la ligne; la plaque de gauche P*c*, avec le fil d'entrée des bobines, et la plaque de droite P'*c*, avec la sonnerie. Il en résulte que, selon la position donnée au levier brisé, la ligne est en communication avec le récepteur ou avec la sonnerie.

COMMUTATEUR A HUIT DIRECTIONS.

Nous verrons plus loin que les installations séparées de l'appareil Wheatstone en transmission simple ou en transmission double, n'exigent pas de commutateur à plusieurs directions sur la table de manipulation. Mais si des deux installations on veut n'en faire qu'une, un commutateur est indispensable. Nous donnerons la description du commutateur qui a permis de simplifier autant que possible la double installation.

Sur une petite planchette en bois sont disposées quatre lames en cuivre coupées par le milieu et portant par conséquent leur nombre à huit (pl. XXXII, *fig.* 2). Aux points de coupure sont pratiquées dans chaque lame et en regard les unes des autres, des échancrures circulaires ou trous dans lesquels s'engagent des fiches (*fig.* 3) destinées à relier les plaques deux à deux. Chaque plaque porte en outre une vis à laquelle on attache les fils de communication.

2° COMMUNICATIONS ÉLECTRIQUES.

Nous diviserons les communications électriques en deux catégories :

1° Communications intérieures,

2° Communications extérieures.

COMMUNICATIONS INTÉRIEURES.

Les communications intérieures sont celles qui dépendent spécialement de l'appareil qui les porte. Elles font partie essentielle de cet appareil.

Trois appareils possèdent des communications intérieures, savoir :

1° Le transmetteur,
2° Le manipulateur,
3° Le récepteur.

TRANSMETTEUR.

Le bâti du transmetteur porte neuf bornes en laiton, cinq en arrière et deux de chaque côté. Elles servent toutes à relier aux communications extérieures les diverses pièces qui composent le commutateur à trois branches disposé sous le bâti. Les fils de communication sont en cuivre recouvert de gutta-percha et se promènent sous le bâti.

Nous avons deux transmetteurs à étudier au point de vue des communications, le transmetteur ancien modèle et le transmetteur transformé.

Transmetteur ancien modèle. — Les bornes situées derrière le transmetteur sont placées dans l'ordre suivant, en allant de droite à gauche : C (pôle cuivre) (pl. XXX), Z (pôle zinc), LM (ligne manipulateur), L (ligne), et T (terre). Celles de droite R et R′ (résistance); celles de gauche, la postérieure C^{mr} (cuivre manipulateur) et l'antérieure Z^{mr} (zinc manipulateur). Les petites bornes C, R, Z placées au bas de la figure, à droite, représentent les trois vis que portent, dans le mécanisme de transmission, les deux équerres des leviers de pile et la règle du levier compensateur.

La plaque *Cu* communique avec la borne C; la plaque *Li*, avec la borne L, et la plaque *Zn*, avec la borne Z.

La petite plaque *a* est reliée à la borne C^{mr} et la

plaque *b*, à la vis C de l'équerre du levier cuivre du mécanisme de transmission.

La plaque *c* est reliée à la plaque L*g* que traverse la vis en communication avec la goupille *a* du balancier, au moyen du ressort à boudin que nous connaissons, et cette plaque elle-même L*g* est reliée à la borne R'. La plaque *d* est en communication avec la borne LM.

La plaque *e* est reliée à la vis Z de l'équerre du levier zinc du mécanisme de transmission, et la plaque *f*, à la borne Z[mr].

La plaque T*g*, qui est traversée par la vis en communication avec la goupille *c* du balancier, au moyen d'un ressort à boudin que nous connaissons également, est reliée à la borne T.

Enfin la plaque E est en communication, d'une part, avec la borne R; et de l'autre, avec la vis R que porte dans le mécanisme de transmission la règle support du levier compensateur.

Dans le mécanisme de transmission, la goupille *b* du balancier est isolée. Nous verrons, en étudiant la marche des courants, qu'elle ne sert qu'à mettre le levier B en communication avec l'un ou l'autre des leviers de pile.

Transmetteur nouveau modèle. — Les bornes extérieures sont les mêmes que dans le transmetteur ancien modèle.

La plaque C*u* est reliée (pl. 31) à la borne C; la plaque L*i*, à la borne L, et la plaque Z*n* à la borne Z.

La plaque *a* est en communication avec la borne C[mr] et la plaque *b* avec la vis de l'équerre qui supporte dans le mécanisme de transmission le levier de pile cuivre.

La plaque *c* communique avec la plaque L*g* traversée par la vis reliée, au moyen d'un ressort à boudin, à la goupille *a* du balancier, et cette plaque *c* est elle-même en communication avec la borne R'. La plaque *d* communique avec la borne LM.

La plaque *e* est reliée à la vis Z de l'équerre qui porte, dans le mécanisme de transmission, le levier de pile zinc, et la plaque *f* à la borne Z^mr^.

La plaque R*g*, qui est traversée par la vis en communication avec la goupille *b* du balancier, au moyen d'un ressort à boudin, est reliée, d'une part, à la borne R; et d'autre part, à la plaque supplémentaire R*e*, qui elle-même communique avec la vis K que porte la règle P' du mécanisme de transmission.

Enfin la plaque E communique, d'un côté, à la borne T; de l'autre, à la vis que porte la règle P du mécanisme de transmission.

Dans ce mécanisme, la règle P est reliée, au moyen d'un ressort à boudin, avec la goupille *d* du disque inverseur, et la règle P', avec la goupille *c* de ce disque, au moyen d'un second ressort à boudin.

Ce sont les mouvements imprimés à la manette M*a* de l'axe A^8 qui règlent les contacts des lames d'acier A, B, C, avec les plaques de communication placées à leur portée; et il est important de remarquer en passant qu'en ouvrant le transmetteur, les deux pôles de la pile n'ont entre eux et la ligne que le transmetteur seul, tandis qu'en le fermant, le commutateur conduit les deux pôles et la ligne au manipulateur à double courant.

MANIPULATEUR.

Nous avons aussi deux manipulateurs à étudier, au point de vue des communications, l'ancien modèle et le nouveau.

Manipulateur ancien modèle (pl. XXIX, *fig.* 2). — Les cinq bornes que porte ce manipulateur sont, en allant de droite à gauche, la borne L (ligne), la borne C (pôle cuivre), la borne R (récepteur), la borne Z (pôle zinc) et enfin la borne T (terre).

La borne L communique avec la lame *d*; la borne C, avec la colonne *n*; la borne R, avec la lame *e*; la borne Z, avec les colonnes *m* et *o* et la borne T avec la lame *b*.

La plaque A est reliée, d'un côté, à la lame *a*, et de l'autre, au ressort-lame de contact *r*, par l'intermédiaire du ressort antagoniste R′ et de la double équerre *p*.

Enfin la lame *c* est en communication électrique, au moyen d'un ressort à boudin, avec l'équerre *p′* de la plaque en ébonite et avec le ressort-lame de contact *r′*.

Manipulateur nouveau modèle (pl. XXIX, *fig.* 1). — Les cinq bornes de ce manipulateur sont, en allant de droite à gauche : la borne T (terre), reliée, d'une part, à la plaque N*p*, et de l'autre, au moyen d'un ressort à boudin *x*, à l'équerre portant le ressort-lame *r′*;

La borne C (cuivre) en communication avec les colonnes *a* et *c*;

La borne R (récepteur) reliée à la plaque B*p*;

La borne Z (zinc) reliée à la colonne *b*;

La borne L (ligne) en communication avec la plaque L*i*, c'est-à-dire avec le levier M;

Enfin la plaque A*p* communiquant avec le ressort-lame de contact *r*, grâce à la double équerre K et au ressort antagoniste R'.

RÉCEPTEUR.

Nous avons vu plus haut que le commutateur de cet appareil comprend la partie inférieure du levier brisé et les deux plaques de contact placées à la portée de ce levier.

Quatre bornes en laiton sont disposées derrière la boîte supérieure en bois renfermant l'électro-aimant et sont reliées, au moyen de fils de cuivre recouverts de gutta-percha, aux bobines ou au commutateur. Elles sont, en allant de gauche à droite :

La borne L (pl. XLVII, *fig.* 1), qui communique avec le pivot de la partie inférieure du levier brisé;

La borne S', reliée à la plaque de droite S du commutateur;

La borne S" en communication avec la borne T;

La borne T, reliée, d'un côté, à la borne S", et de l'autre, au fil de sortie des bobines.

Dans le commutateur, nous venons de voir le pivot du levier brisé relié à la borne L et la plaque de contact S à la borne S'; l'autre plaque de contact A communique avec le fil d'entrée des bobines.

COMMUNICATIONS EXTÉRIEURES.

Les communications extérieures sont celles qui se promènent sur ou sous la table de manipulation et relient les divers appareils entre eux.

Nous donnerons ici les communications extérieures indispensables pour l'installation d'un poste en transmission simple. Plus tard nous ferons connaître dans tous leurs détails les installations réunies de l'appareil Wheatstone en transmission simple et en transmission double, telles qu'elles existent au poste central de Paris.

Dans l'installation d'un appareil en transmission simple, les communications extérieures sont :

Transmetteur.

La borne C est reliée directement au pôle positif de la pile et la borne Z au pôle négatif (pl. XLVII, *fig.* 1);

La borne LM communique avec la borne L du manipulateur;

La borne L, avec la ligne directement;

La borne T, avec la terre;

La borne CM, avec la borne C du manipulateur;

La borne ZM, avec la borne Z de ce manipulateur;

Et enfin la borne R, avec le fil d'entrée de la caisse de résistance, et la borne R' avec le fil de sortie.

Manipulateur.

La borne T communique avec la terre ;

La borne C, avec la borne CM du transmetteur;

La borne R, avec la borne L du récepteur;

La borne Z, avec la borne ZM du transmetteur;

Enfin la borne L, avec la borne LM du transmetteur.

Récepteur.

La borne L communique avec la borne R du manipulateur;

La borne S', avec le fil d'entrée de la sonnerie;

La borne S", avec le fil de sortie de la sonnerie ;

Enfin la borne T, avec la terre.

Les appareils accessoires ajoutés au système automatique sont : le *galvanomètre* et le *commutateur paratonnerre.* Le fil de ligne, en quittant la borne L du transmetteur, traverse ces deux appareils avant sa sortie du poste.

N'oublions pas la *caisse de résistance* intercalée entre les deux bornes R et R' du transmetteur, et que traversent, comme nous le verrons bientôt, tous les courants de compensation.

3° MARCHE DES COURANTS.

Avant d'étudier la marche des courants, occuponsnous un instant de l'organe électro-magnétique employé par M. Wheatstone, afin de bien saisir les effets produits par le passage du courant dans cet organe.

Dans les appareils ordinaires, le Morse, par exemple, le courant qui produit le signal doit vaincre la tension du ressort antagoniste de l'armature. Le jeu de cette armature exige donc un réglage qui varie à chaque instant avec l'intensité du courant reçu. La tension du ressort antagoniste doit être suffisante pour empêcher le fonctionnement de l'armature, dans les intervalles des signaux, sous l'action des courants de dérivation qui peuvent se produire sur la ligne; aussi la présence de ce ressort antagoniste diminue-t-elle la sensibilité du récepteur et s'oppose-t-elle à son fonctionnement rapide.

M. Wheatstone a préféré l'emploi d'un récepteur à armature polarisée où le ressort antagoniste est remplacé par l'action d'un courant inverse de celui qui a produit le signal; il n'y a plus, pour ainsi dire, de réglage, puisque les oscillations de l'armature sont déterminées par des courants de sens contraire, soumis aux mêmes variations d'intensité. Le courant positif, en effet, produit les signaux marquants sur la bande du récepteur et le courant négatif, les espaces blancs. Les deux courants sont égaux et, si les émissions se font dans des temps égaux, leur influence sur les bobines est toujours la même.

Le réglage des récepteurs polarisés est établi, une fois pour toutes, de façon que la palette se trouve à égale distance des pôles des bobines et que l'amplitude de ses oscillations soit diminuée autant que possible. Outre les courants de dérivation, les divers phénomènes qui se produisent sur les lignes télégraphiques, dus à l'induction, aux courants naturels, etc., causent cependant des variations dans l'intensité des deux courants de sens contraire et nécessitent la présence, non pas d'un ressort antagoniste, mais d'un ressort beaucoup plus faible que l'on peut appeler *ressort de sensibilité ou d'équilibre*. Souvent les dérivations et surtout les courants naturels favorisent considérablement l'un des deux courants : il faut alors combattre l'influence sur les bobines de ce courant favorisé, au profit de l'autre courant. C'est dans ce but que M. Wheatstone a introduit dans son récepteur le ressort de sensibilité attaché, comme nous l'avons vu, d'un côté à l'axe des palettes, et de l'autre à la petite chaînette enroulée sur le tambour que porte l'axe du disque de réglage.

L'attraction de l'armature a lieu dès que l'intensité du courant a atteint le degré de sensibilité du récepteur, et elle conserve la position donnée par le courant qui a traversé le fil des bobines, jusqu'à ce qu'un courant de sens contraire lui donne une position opposée. L'attraction ne dépend donc pas de la durée des courants reçus, et l'on peut en conclure que le fonctionnement de l'armature peut avoir lieu sous l'action de courants de courte durée, qu'il s'agisse de la formation d'un point ou d'un trait du système Morse. M. Wheatstone est arrivé à reproduire les signaux du système Morse, au moyen de courants émis à intervalles égaux. Tous ces courants ne sont pas, il est vrai, alternativement de sens contraire; mais notre ingénieux inventeur fait passer par un rhéostat tous les courants qui suivent une émission de même sens, afin de diminuer l'influence exercée sur les bobines du récepteur par les courants de même sens se succédant. Cette heureuse disposition, que nous étudierons lorsque nous parlerons de la compensation, nous ramène à des émissions faites dans des temps égaux. Elle favorise l'accélération des transmissions sur les lignes de grand parcours, car elle régularise d'une manière parfaite la décharge du conducteur. L'intensité des courants reçus étant toujours égale, comme nous le verrons dans l'étude des courants de compensation, les signaux reproduits sont d'une régularité remarquable.

L'emploi des courants alternés offre encore un autre avantage. Dans les appareils où l'on n'emploie qu'un courant de même sens, un certain laps de temps doit s'écouler entre la cessation du signal et le commencement de l'émission suivante. Ce temps consacré à la décharge augmente avec la longueur de la ligne. Si une émission rencontrait une queue de courant, elle s'ajouterait à la première et les signaux se confondraient sur la bande du récepteur. Le temps nécessaire à la décharge est donc indispensable, et cette décharge étant d'autant plus lente que la ligne est longue, il en résulte un ralentissement considérable qui diminue sensiblement le rendement des appareils. Avec les courants alternés, ces inconvénients disparaissent, car si la décharge du fil conducteur n'est pas complète lorsqu'une émission quelconque arrive sur la ligne, elle est opérée par cette émission même qui est de sens contraire à la précédente.

En décrivant l'organe électro-magnétique, nous avons dit que les palettes peuvent être considérées comme les prolongements des pôles de l'aimant permanent. Nous savons que les signaux marquants sont dus au passage dans les bobines d'un courant positif, et que les intervalles des signaux sont produits par le passage d'un courant négatif. Nous savons également que la molette suit exactement les mouvements des palettes. Or la bande de papier déroulant à gauche de la molette, il est clair que pour qu'un signal soit tracé sur la bande du récepteur, il faut que les palettes soient attirées vers les plaques polaires de la bobine de gauche. Quels sont donc les pôles que présentent les extrémités libres des palettes aux plaques polaires des bobines et quel est l'enroulement du fil sur les noyaux des bobines, pour qu'un courant positif qui traverse ce fil détermine dans les plaques polaires des pôles de nom contraire à ceux des palettes ? Nous allons maintenant répondre à ces deux questions.

Il est facile, au moyen d'une aiguille aimantée, de trouver les pôles présentés par les extrémités libres des palettes ; l'enroulement du fil sur les bobines dépend évidemment de la position de ces pôles.

Dans l'électro-aimant de M. Wheatstone, supposons que l'armature supérieure présente aux plaques polaires un pôle boréal, et l'armature inférieure, un pôle austral.

A l'état neutre, c'est-à-dire lorsque le fil des bobines n'est parcouru par aucun courant, les palettes agissent par influence sur les noyaux des bobines et les extrémités des plaques polaires, en regard des armatures, sont aimantées par influence ; elles présentent à ces armatures des pôles de nom contraire. Ainsi les plaques polaires supérieures possèdent un pôle austral en regard du pôle boréal de l'armature supérieure (pl. XXXII, *fig.* 4), et les plaques polaires inférieures présentent un pôle boréal au pôle austral de l'armature inférieure. Mais lorsqu'un courant quelconque parcourt le fil des bobines, la détermination des pôles dans les plaques polaires dépend alors de la direction de ce courant. La loi d'Ampère personnifiant le courant et plaçant toujours le pôle austral à gauche d'un observateur couché sur le fil, regardant le noyau des bobines, le courant lui entrant par les pieds et sortant par la tête, nous donnera la détermination exacte des pôles.

Le fil enroulé autour des noyaux des bobines est disposé par couches, les unes montantes et les autres descendantes alternativement. Considérons les quatre barreaux représentés pl. XXXII.

Sur les barreaux 1 et 2, enroulons le fil dans le même sens, mais faisons passer le courant en sens contraire. En personnifiant le courant, nous trouverons dans le barreau n° 1 un pôle austral en A et un pôle boréal en B; et dans le barreau n° 2, un pôle boréal en B′ et un pôle austral en A′.

Sur les barreaux 3 et 4, enroulons encore le fil dans le même sens, mais en sens contraire des deux premiers et, dans ces deux nouveaux circuits, faisons passer un courant en sens inverse : nous aurons dans le barreau n° 3 un pôle austral en *a*, et un pôle boréal en *b*; dans le barreau n° 4, un pôle boréal en *b′* et un pôle austral en *a′*.

Nous avons dit que la palette supérieure présente aux plaques polaires un pôle boréal et la palette inférieure un pôle austral, et que ces deux palettes, sous l'action d'un courant positif, sont attirées à gauche; il nous faut donc dans la bobine de gauche un pôle austral en haut du noyau et un pôle boréal en bas. Les deux barreaux nous donnant un pôle austral en haut et un boréal en bas sont les barreaux n° 1 et 4. Pour la couche montante, prenons l'enroulement n° 4, et pour la couche descendante le barreau n° 1. Nous aurons sur la bobine de gauche l'enroulement représenté par la *fig.* 5. Si donc notre courant positif entre dans la bobine de gauche par le fil extérieur, nous aurons, d'après la loi d'Ampère, un pôle austral en *a* et un pôle boréal en *b*.

Examinons maintenant la bobine de droite. L'action du courant positif circulant dans cette bobine ne doit pas contrarier celle produite dans la bobine de gauche, c'est-à-dire qu'aux extrémités du noyau devront se présenter aux pôles des palettes des pôles de même nom. Ces pôles repousseront les palettes et leur action s'ajoutera à celle des pôles de la première bobine, pour porter à gauche les deux palettes. Il nous faudra donc un pôle boréal à l'extrémité supérieure du noyau de cette bobine et un pôle austral à l'extrémité inférieure. Pour cela nous enroulerons le fil comme nous l'avons fait pour la première bobine, mais nous ferons passer le courant en sens contraire. Dans la première bobine, le courant entrait par la couche extérieure et sortait par la couche intérieure. Dans la seconde nous ferons entrer le courant par la couche intérieure et sortir par la couche extérieure. L'enroulement de la couche intérieure sera celui représenté par le barreau n° 3 et l'enroulement de la couche extérieure sera celui représenté par le barreau n° 2. Nous aurons donc pour cette bobine l'enroulement représenté *fig.* 5. En personnifiant le courant nous voyons qu'un pôle boréal se développera en b' et un pôle austral en a'.

Tels sont les divers pôles développés dans les noyaux des bobines sous l'action des courants positifs.

Lorsqu'un courant négatif circulera dans le fil des bobines, les pôles changeront de nom. La bobine de gauche présentera aux palettes un pôle boréal en b''' et un pôle austral en a'''. La bobine de droite présentera au contraire un pôle austral en a'' et un pôle boréal en b''. L'action des pôles de la première bobine s'ajoutera à l'action des pôles de la seconde pour porter les deux palettes à droite.

Nous savons que la molette dont l'axe est solidaire de l'axe des palettes, suit tous les mouvements de l'armature et que, à gauche de cette molette, déroule la bande de papier. Donc lorsque l'armature se portera à gauche sous l'action d'un courant positif, la molette suivra le mouvement et viendra frapper la bande de papier. Lorsqu'au contraire l'armature se portera à droite, sous l'action d'un courant négatif, la molette prendra la même direction et s'éloignera de la bande de papier. Ce sont donc, comme nous l'avons dit déjà, les courants positifs qui déterminent l'impression des signaux, et les courants négatifs, les espaces blancs.

Dans la pratique, les bobines sont ainsi construites : le noyau est recouvert d'une enveloppe mince de caoutchouc durci sur laquelle le fil est enroulé. Cette enveloppe porte trois rondelles ou joues, perpendiculaires au noyau, l'une en haut, l'autre au milieu et la troisième en bas. La joue médiane présente, près du noyau, une petite ouverture par laquelle on introduit de haut en bas l'extrémité du fil destiné à être enroulé au-dessus de cette joue. On soude ce fil au-dessous de la joue avec l'extrémité du fil qui doit former l'enroulement inférieur et l'on fixe le point de soudure sur l'enveloppe du noyau. On enroule de droite à gauche, en regardant la bobine, le fil qui traverse l'ouverture de la joue médiane. Cet enroulement forme alors la moitié supérieure de la bobine. On enroule ensuite au-dessous de la joue médiane le fil inférieur, mais de gauche à droite, en regardant la bobine. Les deux bouts de fils restés libres sont alors, sur les deux moitiés, les fils extérieurs, les fils intérieurs étant soudés ensemble. L'enroulement inférieur n'est que le prolongement de l'enroulement supérieur. Le courant entrant par le haut de la bobine arrive au point de soudure et continue sa marche à travers l'enroulement inférieur pour sortir par le fil resté libre au bas de la bobine. Les deux bobines sont construites de la même façon. Les deux extrémités des fils inférieurs restées libres étant réunies, le courant descend dans la bobine de gauche et monte dans la bobine de droite. Il produit donc le même résultat que celui obtenu avec les bobines théoriques représentées par la *fig.* 5 (pl. XXXII).

Cet enroulement offre l'avantage de faciliter les recherches, lorsqu'un dérangement vient à se produire dans les bobines.

Maintenant que nous nous sommes familiarisés avec l'organe électro-magnétique, suivons dans tous ses détails la marche des courants émis et reçus. Cette marche des courants dans l'appareil Wheastone est une des questions les plus utiles à étudier. Aussi nous nous étendrons aussi longuement que possible, afin d'exposer clairement la merveilleuse création de M. Wheatstone.

Nous avons trois appareils soumis à l'action des courants électriques, ce sont :

1° *Le Transmetteur*,

2° *Le Manipulateur*,

3° *Le Récepteur*.

TRANSMETTEUR.

Dans la première partie de notre étude, nous avons indiqué toutes les combinaisons qui se présentent dans le mécanisme de transmission soumis à l'action des goupilles du balancier et à celle de la bande perforée qui déroule au-dessus des aiguilles. Reportons-nous à ces combinaisons et suivons le courant dans chacune d'elles.

Étudions séparément nos deux transmetteurs. Nous avons six combinaisons dans chacun d'eux.

TRANSMETTEUR ANCIEN MODÈLE.

1re *combinaison.* — La première combinaison nous donne une émission positive sur la ligne et une émission négative à la terre. Le courant positif arrivant à la borne C du transmetteur se rend à la plaque C*u* du commutateur (pl. XXXIII, *fig.* 1, transmission), traverse la branche A, la plaque *b* et monte dans le mécanisme de transmission ; il suit l'équerre M (pl. XXXIV, *fig.* 1) le levier C, la goupille isolée *b*, le levier B, les deux ressorts H′ et H, le levier A, la goupille *a*, et redescend dans le commutateur par le ressort à boudin qui relie cette goupille à la plaque L*g* du commutateur (pl. XXXIII, *fig.* 1, transmission). De là il se rend à la plaque *c*, traverse la branche B, la plaque L*i* et se dirige vers la borne extérieure L d'où il se rend sur la ligne, à travers le galvanomètre et le paratonnerre.

En arrivant à la colonne F de l'equerre M du mécanisme de transmission, le courant a trouvé deux chemins, le premier que nous venons de suivre; le second, par cette colonne, le levier compensateur, la règle qui porte ce levier, la plaque E du commutateur, la caisse de résistance, les plaques L*g* et *c*, la branche B, la plaque L*i* et la borne L; mais il suivra évidemment le chemin qui offre le moins de résistance, c'est-à-dire le premier.

En même temps le courant négatif arrivant à la borne Z du transmetteur descend dans le commutateur, traverse la plaque Z*n*, la plaque C, la branche *e*, et remonte dans le mécanisme de transmission. Il passe par l'équerre P de ce mécanisme, le levier Z, la goupille *c* du balancier, et redescend dans le commutateur par le ressort à boudin qui relie cette goupille à la plaque T*g*. De cette plaque il se rend à la borne T du transmetteur et de là à la terre. C'est cette combinaison qui commence tous les signaux marquants, points ou traits.

2e *combinaison.* — Cette combinaison nous donne une émission négative sur la ligne et une émission positive à la terre. En effet, le courant négatif arrivant à la borne Z du transmetteur, se rend à la plaque Z*n* du commutateur (pl. XXXIII, *fig.* 1, transmission), traverse la branche C, la plaque *e*, l'équerre P du mécanisme de transmission (pl. XXXIV, *fig.* 2), le levier Z, la goupille isolée *b*, le levier B, les deux ressorts H′ et H, le levier A, la goupille *a*, redescend dans le commutateur par le ressort à boudin, arrive à la plaque L*g*, traverse la plaque *c*, la branche B, la plaque L*i* et enfin la borne L, pour de là se rendre sur la ligne, à travers le galvanomètre et le paratonnerre.

En arivant à l'équerre P du mécanisme de transmission, il a trouvé deux chemins, l'un que nous venons d'indiquer et l'autre par la colonne G, le levier compensateur, la règle O, la plaque E du commutateur, la caisse de résistance et la plaque L*g* où il retrouve le premier chemin décrit; mais ce circuit offrant plus de résistance, il suivra le premier.

En même temps le courant positif arrivant à la borne C, traverse la plaque C*u* du commutateur, la branche A, la plaque *b*, l'équerre M du mécanisme de transmission, le levier C, la goupille *c*, le ressort à boudin, la plaque T*g* du commutateur et de là se rend à la terre par la borne T. Cette seconde combinaison commence tous les espaces blancs.

3e *combinaison.* — La troisième combinaison nous montre la mise de la ligne à la terre dans le transmetteur, à travers la caisse de résistance, pendant le deuxième tiers du trait. L'aiguille V' étant arrêtée par le papier, le contact entre le levier A et la goupille *a* est rompu (pl. XXXIV, *fig.* 3). Alors le courant de décharge entrant par la borne L, et traversant la plaque L*i* du commutateur, la branche B, la plaque *c* et la plaque L*g*, ne peut monter dans le mécanisme de transmission par le resort à boudin. Il se dirige alors vers la caisse de résistance, la plaque E du commutateur, la règle O du mécanisme de transmission, le levier compensateur, la vis et la colonne F, l'équerre M, le levier C, la goupille *c* du balancier, la plaque T*g* du commutateur, et enfin se rend à la terre par la borne T.

En même temps les deux pôles de la pile sont, l'un, le positif, à la terre par la borne C, la plaque C*u*, la branche A, la plaque *b*, l'équerre M, le levier C, la goupille *c*, en communication, comme nous venons de le voir, avec la terre ; l'autre, le négatif, isolé ; car après la borne Z, la plaque *Zn*, la branche C, la plaque *e*, l'équerre P, le levier Z, la goupille isolée, le levier B, les deux ressorts H′ et H, le levier A, il trouve la communication rompue entre ce levier et la goupille *a*. Il n'y a donc pas d'émission sur la ligne.

4e *combinaison*. — Dans cette combinaison, nou avons une émission de compensation positive sur la ligne. En effet, le courant positif arrivant à la borne C, traverse la plaque *Cu* du commutateur, la branche A, la plaque *b*, l'équerre M du mécanisme de transmission (pl. XXXV, *fig.* 1) et là, trouve deux chemins, l'un par le levier C, mais qu'il ne peut suivre, puisque la goupille isolée *b* ne touche pas le levier B ; l'autre par la colonne F, le levier compensateur, la règle O, la plaque E du commutateur, la caisse de résistance, la plaque L*g*, la plaque *c*, la branche B, la plaque L*i* et la borne L d'où il se rend sur la ligne.

En même temps, le courant négatif traverse la borne Z, la plaque *Zn* du commutateur, la branche C, la la plaque *e*, l'équerre P du mécanisme de transmission, le levier Z et la goupille *c* en communication avec la terre par la plaque T*g* du commutateur et la borne T.

Cette quatrième combinaison correspond au troisième tiers du trait.

5e *combinaison*. — Pendant le deuxième tiers d'un espace blanc égal à la longueur du trait, nous avons encore une mise de la ligne à la terre dans le transmetteur même, à travers la caisse de résistance. Elle forme la cinquième combinaison. En effet, le courant de décharge venant de la ligne arrive à la borne L et descend à la plaque L*i* du commutateur. Il suit la lame B, la plaque *c* et passe dans la plaque L*g*. Là, il trouve deux chemins, l'un par le ressort à boudin, la goupille *a*, le levier A, les deux ressorts H et H', le levier B; mais il ne peut aller plus loin, puisque ce levier est éloigné de la goupille isolée (pl. XXXV, *fig.* 2); l'autre par la caisse de résistance, la plaque E, la règle O du levier compensateur, ce levier, la vis et la colonne G, l'équerre P, le levier Z, la goupille *c*, redescend dans le commutateur à la plaque T*g*, pour se rendre à la borne T, et de là, à la terre.

Les deux pôles de la pile sont : l'un, le positif, isolé; car après la borne C, la plaque C*u* du commutateur, la lame A, la plaque *b*, l'équerre M du mécanisme de transmission et le levier C, il trouve la goupille *b* éloignée du levier B ; l'autre, le négatif, à la terre, par la borne Z, la plaque Z*n* du commutateur, la lame C, la plaque *e*, l'équerre P du mécanisme de transmission, le levier Z, la goupille *c*, le ressort à boudin, la plaque T*g* du commutateur et enfin la borne T.

6e *combinaison.* — Enfin la sixième combinaison qui nous donne une émission négative de compensation correspond au troisième tiers de l'espace blanc égal à la longueur du trait. Le courant négatif va sur la ligne à travers la caisse de résistance et le courant positif à la terre. De la borne Z, le courant négatif descend dans le commutateur, traverse la plaque Z*n*, la lame C, la plaque *e* et l'équerre P du mécanisme de transmission (pl. XXXV, *fig.* 3). Là il trouve deux chemins, le premier par les leviers Z, B, les ressorts H', H et le levier A ; mais il ne peut aller plus loin, puisque la goupille *a* ne touche pas le levier A. Il suit alors le second, monte dans la colonne G, suit la vis de cette colonne, le levier de compensation, l'équerre O, et redescend dans le commutateur à la plaque E ; il traverse ensuite les bobines de résistance, se rend à la plaque L*g*, puis à la plaque *c* ; suit la lame B, la plaque L*i*, et sort enfin du transmetteur par la borne L pour aller sur la ligne.

En même temps, le courant positif entrant par la borne C, traverse la plaque C*u* du commutateur, la branche A, la plaque *b*, l'équerre M du mécanisme de transmission, le levier C, la goupille *c*, le ressort à boudin, la plaque T*g* du commutateur, et se rend à la terre par la borne T.

Ces six combinaisons sont les seules offertes par le mécanisme de transmission, sous la double action de la bande de papier perforée et des goupilles du balancier. La distribution des courants sur la ligne dépend absolument des perforations de la bande. La planche XXXVIII nous montre une série de combinaisons et d'émissions. Remarquons que les émissions *directes* sur la ligne n'ont lieu qu'autant que les aiguilles peuvent traverser la bande, c'est-à-dire au commencement des signaux marquants ou des espaces blancs, tandis que les émissions *indirectes* ou de *compensation* ne s'opèrent qu'autant que les aiguilles sont arrêtées par la bande, c'est-à-dire dans l'intérieur des signaux ou des espaces blancs.

TRANSMETTEUR NOUVEAU MODÈLE.

Cet appareil transformé nous donne encore à étudier six combinaisons dans son mécanisme de transmission déterminées, comme dans l'ancien modèle, par les perforations de la bande de papier.

1re *combinaison.* — La première combinaison produit une émission positive directe sur la ligne et une émission négative à la terre. Le courant positif (pl. XXXIII, *fig.*, 2 transmission) arrivant à la borne C, se rend à la plaque C*u* du commutateur, traverse la lame A, la plaque *b* et arrive à l'équerre M du mécanisme de transmission (pl. XXXVI, *fig.* 1). Il se dirige ensuite par le levier C vers la goupille *c* du cylindre inverseur, suit le ressort à boudin K et la règle P', redescend dans le commutateur, traverse la plaque R*e*, puis la plaque R*g*. Là il trouve deux chemins, l'un par le ressort à boudin qui relie cette plaque à la goupille *b* du balancier, le levier B, les deux ressorts H' et H, le levier A, la goupille *a*, le ressort à boudin qui relie cette goupille à la plaque L*g* du commutateur, la plaque *c*, la lame B, la plaque L*i*, la borne L et la ligne; l'autre par la borne R, la caisse de résistance, la borne R', la plaque L*g* où il retrouve le premier chemin. Mais il suivra évidemment celui-ci, puisque le second offre plus de résistance.

En même temps, le courant négatif arrivant à la borne Z, se dirige vers la plaque Z*n* du commutateur, traverse la lame C, la plaque *e*, l'équerre O du mécanisme de transmission, le levier Z, la goupille *d*, le ressort à boudin L, la règle P, la plaque E du commutateur, la borne T et de là se rend à la terre.

Cette combinaison commence, comme dans le transmetteur ancien modèle, tous les signaux points ou traits.

2e *combinaison.* — La seconde combinaison commence les espaces blancs; elle nous donne donc une émission négative sur la ligne et une émission positive à la terre. En effet, le courant négatif arrivant à la borne Z, descend dans le commutateur et arrive à la plaque *Zn*. Il suit la lame C et la plaque *e*, puis monte dans le mécanisme de transmission. Il traverse l'équerre O, le levier Z, la goupille *c*, le ressort K et la règle P' (pl. XXXVI, *fig.* 2); la plaque R*e* du commutateur et arrive à la plaque R*g*. Là il trouve deux chemins, l'un par le ressort à boudin qui relie cette plaque à la goupille *b*, le levier B, les ressorts H' et H, le levier A, la goupille *a*, le ressort à boudin de cette goupille, la plaque L*g* du commutateur, la plaque *c*, la lame B, la plaque L*i*, la borne L et la ligne; l'autre par les bobines de résistance, les plaques L*g* et *c*, la lame B, la plaque L*i*, la borne L et la ligne. Il suivra évidemment le premier comme étant le moins résistant.

D'un autre côté, le courant positif arrivant à la borne C, descend dans le commutateur, traverse la plaque C*u*, la lame A et la plaque *b*, remonte dans le mécanisme de transmission où il suit l'équerre M, le levier C, la goupille *d*, le ressort L, la règle P, et enfin redescend dans le commutateur à la plaque E, pour de là se rendre à la terre par la borne T.

3e *combinaison.* — La troisième combinaison est

une première émission positive de compensation qui occupe le deuxième tiers du signal trait. Le courant positif arrivant à la borne C, traverse dans le commutateur la plaque *Cu*, la lame A, la plaque *b*, et monte dans le mécanisme de transmission (pl. XXXVI, *fig.* 3); il suit l'équerre M, le levier C, la goupille *c*, le ressort K et la règle P', puis redescend dans le commutateur. Il traverse la plaque R*e* et la plaque R*g*; mais là, comme dans la première combinaison, il trouve deux chemins, l'un par le ressort de la goupille *b*, cette goupille, le levier B, les ressorts H' et H et le levier A où il est arrêté, puisque la communication est rompue entre ce levier et la goupille *a*; l'autre par la caisse de résistance, les plaques L*g* et *c*, la lame B, la plaque L*i*, la borne L et la ligne. Il suit évidemment ce dernier chemin et nous donne une première émission de compensation.

En même temps, le courant négatif se rend de la borne Z à la plaque Z*n* du commutateur, passe par la lame C, la plaque *e*, et remonte dans le mécanisme de transmission, où il traverse l'équerre O, le levier Z, la goupille *d*, le ressort L, la règle P, et redescend à la plaque E du commutateur, d'où il se rend à la borne T, pour enfin se perdre à la terre.

4ᵉ *combinaison.* — La quatrième combinaison correspond au troisième tiers du trait et donne lieu à une seconde émission positive de compensation. Le courant positif suit absolument le même chemin que dans la troisième combinaison. Une légère différence existe dans le premier chemin qui s'offre au passage de ce courant par le mécanisme de transmission, après la plaque R*g* du commutateur (pl.XXXVII, *fig*.1). La communication est interrompue à la goupille *b* et non à la goupille *a*. Le courant positif prend donc, pour se rendre sur la ligne, la route suivie par la première émission de compensation.

Le courant négatif se conduit exactement comme dans la troisième combinaison.

5e *combinaison.* — La cinquième combinaison donne lieu à une première émission négative de compensation sur la ligne, tandis que le courant positif se rend à la terre. Elle correspond au deuxième tiers d'un espace blanc égal à la longueur du trait. Le courant négatif se rend de la borne Z à la plaque Z*n* du commutateur. Il traverse la lame C et la plaque *e* ; l'équerre O du mécanisme de transmission (pl.XXXVII, *fig*.2), le levier Z, la goupille *c*, le ressort K, la règle P', et redescend dans le commutateur. Il traverse la plaque R*e* et arrive à la plaque R*g*. Là, comme toujours, se présentent deux chemins, l'un par la goupille *b*, mais interrompu, puisque cette goupille ne touche pas le levier B ; l'autre par les bobines de résistance, les plaques L*g* et *c*, la lame B, la plaque L*i*, et de là se rend sur la ligne, après avoir traversé la borne L. C'est évidemment ce dernier chemin qu'il suivra.

En même temps, le courant positif arrive à la borne C, traverse la plaque C*u*, la lame A et la plaque *b* du commutateur; entre dans le mécanisme de transmission où il suit l'équerre M, le levier C, la goupille *d*, le ressort L, la règle P, et de là se rend à la plaque E du commutateur, pour se diriger ensuite vers la borne T et enfin se perdre à la terre.

6e *combinaison.* — Cette sixième et dernière combinaison est une seconde émission négative de compensation correspondant au troisième tiers d'un espace blanc égal à la longueur d'un trait. Elle se comporte comme la première émission négative de compensation déterminée par la cinquième combinaison, avec cette petite différence que le premier chemin s'offrant au passage du courant, à partir de la plaque R*g* du commutateur, est interrompu à la goupille *a* du balancier, au lieu de la goupille *b* (pl. XXXVII, *fig.* 3). En même temps, le courant positif suit les mêmes communications que dans la cinquième combinaison.

Telles sont les diverses émissions déterminées par les combinaisons du mécanisme de transmission.

Nous avons déjà fait remarquer, à propos du transmetteur ancien modèle, que les émissions directes ont lieu lorsque les aiguilles peuvent traverser la bande, et que les émissions indirectes ou de compensation ne se produisent qu'autant que les aiguilles sont arrêtées par cette bande. En examinant la pl. XXXVIII, on voit que tout se passe de la même façon dans le transmetteur nouveau modèle.

Remarquons en outre que les émissions directes commencent les signaux et les espaces blancs, tandis que les émissions indirectes ne servent qu'à continuer les signaux et les espaces blancs. Rappelons-nous que les mouvements du levier compensateur dans le transmetteur ancien modèle, et ceux du levier inverseur dans l'appareil transformé, ne s'opèrent qu'au moment même où les aiguilles traversent la bande perforée. Si donc nous examinons attentivement les mouvements de ces deux organes, après avoir donné au transmetteur sa vitesse minima, pour faciliter l'observation, nous verrons que leurs extrémités fonctionnent absolument comme un manipulateur ordinaire. En effet, considérons l'extrémité supérieure, par exemple, du levier de compensation ou du levier inverseur : toutes les fois que l'aiguille postérieure traversera la bande, c'est-à-dire permettra l'émission positive commençant un signal marquant, cette extrémité se portera à droite et ne sera ramenée à gauche qu'autant que l'aiguille antérieure, en traversant la bande perforée, déterminera l'émission négative faisant cesser le signal. La course du levier de compensation à droite correspond donc à l'abaissement du manipulateur dans le Morse, et son retour à gauche, au relèvement du manipulateur. On peut donc lire la transmission automatique en jetant les yeux sur le levier de compensation, pourvu toutefois que la vitesse du transmetteur soit minima. Pour peu qu'on augmente cette vitesse, la lecture devient impossible, vu la rapidité avec laquelle s'exécutent les mouvements du levier compensateur.

Dans le transmetteur ancien modèle, l'émission de compensation est séparée de l'émission directe qui a commencé le signal par la mise de la ligne à la terre dans le poste même qui transmet. Il ne se produit donc aucune émission pendant le deuxième tiers du trait, comme pendant le deuxième tiers d'un espace blanc égal à la longueur du trait.

Dans l'appareil transformé, au contraire, la mise de

la ligne à la terre est remplacée par une première émission de compensation; de sorte que, pendant les signaux traits ou espaces blancs prolongés, la ligne est constamment occupée par un courant.

Les signaux marquants transmis automatiquement ne peuvent évidemment se prolonger au delà de la limite marquée par la perforation de la bande; mais il n'en est pas ainsi de l'espace blanc qui peut se prolonger indéfiniment. Malgré cela, la régularité des mouvements du balancier n'est pas altérée et les leviers persistent dans leur fonctionnement soumis à la double action de la bande et des goupilles de ce balancier. Quelles sont donc les combinaisons qui se présenteront dans le mécanisme de transmission, pendant la prolongation de l'espace blanc? Dans les deux transmetteurs, le levier de compensation et le levier inverseur prennent la position déterminée par l'élévation du levier A dont l'aiguille a pu traverser la bande; et dans toute la longueur de l'espace blanc, quelle qu'elle soit, ces deux leviers ne seront pas déplacés, puisque ni l'une ni l'autre des aiguilles ne pourra traverser la bande. Les deux combinaisons qui se présenteront seront donc alternativement la cinquième et la sixième, c'est-à-dire, dans le transmetteur ancien modèle, la mise de la ligne à la terre et le courant de compensation; et, dans le transmetteur transformé, les deux courants de compensation.

Faisons enfin une dernière remarque : la petite vis I que porte le levier supérieur de pile dans le mécanisme de transmission des deux transmetteurs, empêchant les deux leviers C et Z de toucher à la fois l'une ou l'autre des goupilles avec lesquelles ils peuvent se mettre en communication, il en résulte une courte interruption de courant à chaque oscillation du levier inverseur ou du levier de compensation. Cette interruption a lieu pendant le passage à la position neutre, c'est-à-dire, lorsque la ligne des centres des deux goupilles est horizontale et que l'extrémité de la vis I repose sur la plaque isolante que porte le levier inférieur. Elle précède toujours les émissions directes, puisque le levier inverseur et le levier de compensation ne se déplacent qu'autant que les aiguilles traversent la bande.

MANIPULATEUR.

Dans l'étude des communications intérieures du commutateur du transmetteur, nous avons dit que les mouvements imprimés à la manette de ce transmetteur déterminent les contacts des lames d'acier A, B, C avec les plaques de communication correspondantes. Nous avons encore fait remarquer qu'en ouvrant le transmetteur, nous coupions toute communication des pôles de la pile avec le manipulateur, mais qu'en le fermant, nous amenions ces deux pôles aux bornes C et Z du manipulateur. Fermons donc notre transmetteur, nous aurons à notre disposition les deux pôles de la pile et nous pourrons, comme nous allons le voir, transmettre avec le manipulateur les mêmes signaux qu'avec le transmetteur automatique.

Nous avons dans le manipulateur deux manettes, celle de manipulation et celle du commutateur. Selon la position que nous donnerons aux manettes, nous formerons diverses combinaisons que nous allons maintenant étudier. Nous en avons deux principales :

1° *Position de transmission*,

2° *Position de réception*.

POSITION DE TRANSMISSION.

Cette position s'obtient en portant la poignée de la manette M à droite (pl. XXXIX, *fig.* 1), c'est-à-dire en mettant cette manette en communication avec la plaque A*p*.

Examinons ce qui se produit en abaissant ou en relevant le levier de manipulation. Si l'on appuie sur la poignée, les deux ressorts de contact *r* et *r'* viennent presser contre les colonnes *c* et *b*. Un courant positif est envoyé sur la ligne et un courant négatif à la terre. En effet, le courant positif, apres avoir traversé la borne C, la plaque C*u*, la lame A, la plaque *a* et la borne C^mr^ du transmetteur, arrive à la borne C du manipulateur, descend dans la plaque C*u*, suit la colonne *c*, le ressort-lame *r*, l'équerre K, le ressort-lame R', la plaque A*p*, la manette M, son pivot, la plaque L*i*, et sort du manipulateur par la borne L. De là il se rend à la borne LM du transmetteur, traverse la plaque *d*, la lame B, la plaque L*i* de son commutateur, et sort par la borne L, pour se rendre sur la ligne.

En même temps, le courant négatif qui a traversé la borne Z, la plaque Z*n*, la lame C, la plaque *f* et la borne Z^mr^ du transmetteur, entre dans le manipulateur par la borne Z ; il suit la plaque Z*n*, la colonne *b*, le ressort r', l'équerre L', le ressort à boudin x, et se rend à la terre après avoir traversé la plaque et la borne T.

Si au contraire on relève la poignée du manipulateur, les deux ressorts r et r' viennent se mettre en contact avec les colonnes b et a. Une émission négative va sur la ligne et une émission positive à la terre. Le courant négatif en effet, après avoir suivi dans le transmetteur la borne Z, la plaque Z*n*, la lame C, la plaque *f* et la borne Z[mr], arrive à la borne Z du manipulateur. Il traverse la plaque Z*n*, la colonne *b*, le ressort *r*, l'équerre K, le ressort-lame R', la plaque A*p*, la manette M et son pivot, la plaque L*i*, et sort du manipulateur par la borne L. Il se rend ensuite à la borne LM du transmetteur, suit le chemin parcouru par le courant positif dans la combinaison précédente et s'en va sur la ligne.

Pendant ce temps-là, le courant positif qui traverse la borne C, la plaque C*u*, la lame A, la plaque *a* et la borne C[mr] du transmetteur, arrive à la borne C du manipulateur, traverse la plaque C*u*, la colonne *a*, le ressort r', l'équerre L', le ressort à boudin x, et se rend à la terre par la plaque et la borne T.

Cette dernière combinaison correspond à la position de repos du levier de manipulation, quand la manette est sur transmission. Il s'ensuit donc que la ligne se charge négativement, dès que l'employé met le manipulateur sur position de transmission.

Ainsi l'abaissement du levier de manipulation nous donne sur la ligne une émission positive qui, en arrivant dans le récepteur, produit un signal marquant sur la bande, et le relèvement de ce levier envoie sur la ligne un courant négatif qui change la position de l'armature du récepteur et détermine l'éloignement de la molette de la bande de papier, c'est-à-dire produit sur cette bande un espace blanc. Ces deux émissions alternées et directes du manipulateur agissent donc sur le récepteur comme les émissions directes du transmetteur. Or en manœuvrant le levier de manipulation comme le manipulateur ordinaire de l'appareil Morse, nous obtiendrons sur notre bande tous les signaux de ce système.

POSITION DE RÉCEPTION.

Le commutateur du manipulateur a pour but :

1° Pendant la transmission, d'isoler le fil de ligne du récepteur;

2° Pendant la réception, de relier le fil de ligne au récepteur.

Nous venons de voir comment les courants se comportent, lorsque le commutateur est sur position de transmission. Il est impossible qu'ils agissent sur le récepteur, puisque la plaque B*p* reliée à ce récepteur est isolée de la manette M. Mais si nous voulons recevoir de notre correspondant, il nous suffira de relier cette plaque B*p* avec le pivot de la manette qui est en communication avec la ligne : nous y parviendrons en changeant la position de la manette et en portant sa poignée à gauche (Pl. XXXIX, *fig.* 2). Tous les courants venant de la ligne et ayant traversé dans le transmetteur la borne L, la plaque L*i*, la lame B, la plaque *d* du commutateur et la borne LM, entrent dans le manipulateur par la borne L. Ils traversent la plaque *Li*, le pivot de la manette, cette manette, la plaque B*p* et sortent du manipulateur par la borne R, pour de là se rendre à la borne L du récepteur.

Lorsque le transmetteur est ouvert, nous savons que le manipulateur est complétement isolé de la pile et de la ligne et que, par conséquent, les oscillations du levier de manipulation ne peuvent nuire à notre transmission. Mais lorsque le transmetteur est fermé, les deux pôles de la pile reliés aux bornes C et Z du manipulateur ne vont-ils pas nuire à notre réception, si, par mégarde, on vient à déplacer le levier de manipulation? Non, car tous les organes du manipulateur en relation directe avec les bornes C et Z sont, dans la position de réception, complétement en dehors du circuit parcouru par les courants reçus. On pourra donc déplacer le levier de manipulation, sans nuire à la réception. Dans le cas d'abaissement de ce levier, le pôle cuivre est isolé à la plaque A*p* et le pôle zinc est relié à la terre par la colonne *b*, le ressort *r'*, l'équerre L', le ressort *x* et la borne T. Dans le cas de relèvement du levier de manipulation, le pôle zinc est isolé à la plaque A*p* et le pôle cuivre est relié à la terre par la colonne *a*, le ressort *r'*, l'équerre L', le ressort *x* et la borne T.

On peut donc, dans le cas de transmission automatique, comme pendant la reception, déplacer sans inconvénient le levier de manipulation.

Il n'en est pas ainsi de la manette. Pendant la transmission automatique, on peut aussi la déplacer sans inconvénient, puisque le manipulateur se trouve hors du circuit parcouru par les courants émis; mais, dans le cas de transmission à la main ou de réception, on ne doit jamais y toucher, car elle fait partie essentielle du circuit.

Il existe dans ce manipulateur une troisième position qui n'est que momentanée, c'est-a-dire sur laquelle on doit passer rapidement : c'est celle obtenue en laissant la manette en contact avec la plaque N*p*. Cette plaque communiquant avec la terre, et le pivot de la manette avec la ligne, nous mettons donc la ligne à la terre, lorsque la manette glisse sur la plaque N*p*, en passant de la position de réception à celle de transmission et réciproquement. Ce n'est qu'une précaution prise pour compléter la décharge de la ligne et empêcher cette décharge ou courant de retour de traverser le récepteur, quand on passe de la position de transmission à celle de réception. Mais n'oublions pas que cette troisième position ne doit être que momentanée, sinon elle s'opposerait à toute transmission comme à toute réception.

Ce manipulateur est le nouveau modèle ; voyons maintenant l'ancien modèle.

Nous savons déjà que la position de transmission s'obtient en abaissant le piston de droite, et celle de réception en abaissant celui de gauche. Mettons-nous d'abord sur transmission. Le piston de gauche se met en communication avec les deux lames *a* et *b* (pl. XXXIX, *fig.* 3) et le piston de droite avec les deux lames *c* et *d* ; la lame *e* reste seule isolée. Si nous appuyons sur le manipulateur, nous envoyons sur la ligne un courant positif et à la terre un négatif. En effet, le positif traversant le transmetteur, comme nous le savons déjà, arrive à la borne C du manipulateur, passe par la colonne *n*, le ressort *r'*, l'équerre L', le ressort à boudin *x*, la lame *c*, le piston Q', la lame *d*, et sort par la borne L pour rentrer dans le transmetteur par la borne LM, en sortir de nouveau par la borne L et se rendre sur la ligne.

Le courant négatif arrivant du transmetteur à la borne Z du manipulateur, passe par la colonne *m*, le ressort *r*, l'équerre K, le ressort R', la plaque A, la lame *a*, le piston *Q*, la lame *b*, et se rend à la terre par la borne T.

Relevons maintenant notre levier de manipulation, nous envoyons sur la ligne un courant négatif passant par la colonne *o*, le ressort *r'*, l'équerre L', le ressort à boudin *x*, la lame *c*, le piston Q', la lame *d* et la borne L ; et à la terre, un courant positif traversant la colonne *n*, le ressort *r*, l'équerre K, le ressort R', la plaque A, la lame *a*, le piston Q, la lame *b* et enfin la borne T.

Mettons-nous maintenant sur position de réception (pl. XXXIX, *fig*. 4). La lame *b* communique seule avec le piston Q ; les lames *d* et *e* avec le piston Q' ; les lames *a* et *c* sont isolées. Les courants venant de la ligne et entrant dans le manipulateur par la borne L, traversent la lame *d*, le piston Q', la lame *e* et la borne R, d'où ils se dirigent vers la borne L du récepteur.

On obtient donc avec ce manipulateur les mêmes résultats qu'avec le nouveau modèle, mais il est à peu près abandonné, à cause des nombreuses surfaces de contact offertes par les cinq lames autour des pistons et qui souvent sont défectueuses. De plus, le courant de décharge traverse le récepteur, lorsqu'on passe de la position de transmission à la position de réception.

RÉCEPTEUR.

Le troisième appareil soumis à la propagation des courants est le récepteur. Nous y trouvons un commutateur dont la manette n'est autre chose que le levier brisé. Nous avons vu que ce commutateur nous donne deux positions différentes :

1° Communication avec la sonnerie, lorsque le mouvement est arrêté ;

2° Communication avec les bobines ou position de réception, lorsque l'appareil est en mouvement.

Dans la première position, les courants venant de la ligne, après avoir traversé les commutateurs du transmetteur et du manipulateur, arrivent à la borne L du récepteur (pl. XLVII, *fig.* 1). De là ils se rendent au pivot de la manette, suivent cette manette, la plaque de droite S et se dirigent vers la borne S'. Ils traversent alors la sonnerie, reviennent à la borne S'' et se perdent à la terre par la borne T.

Dans la seconde position, les courants arrivant à la borne L, se rendent encore au pivot de la manette, suivent cette manette, la plaque de gauche A, le fil d'entrée des bobines qu'ils traversent et vont se perdre à la terre par la borne T.

IN ALLATION EN LOCAL.

Pour terminer ce qui regarde la marche des courants, nous indiquerons le moyen de mettre l'appareil en local, c'est-à-dire la manière de faire arriver dans notre récepteur les courants venant de notre propre pile.

1° Si nous voulons recevoir notre transmission automatique, rappelons-nous que tous les courants émis par le transmetteur sortent de cet appareil par la borne L, que la borne L du récepteur communique avec la borne R du manipulateur, que cette borne R est reliée à la borne L du manipulateur, lorsque cet appareil est sur position de réception, et qu'enfin la borne L du manipulateur communique avec la borne LM du transmetteur. Il nous suffira donc de détacher le fil relié à la borne L du transmetteur, de le remplacer par le fil attaché à la borne LM et de mettre le manipulateur sur position de réception. Tous les courants sortant par la borne L du transmetteur se rendront à la borne L du manipulateur, passeront à la borne R de cet appareil et se rendront à la borne L du récepteur.

2° Si nous voulons recevoir notre transmission à la main, la position du manipulateur sur transmission est indispensable. Remplaçons le fil de ligne attaché à la borne L du manipulateur par un fil volant relié d'autre part à la borne R. Tous les courants sortant du manipulateur par la borne L se rendent à la borne R et de là à la borne L du récepteur.

Remarque. — On peut transmettre avec le manipulateur à double courant comme avec un manipulateur ordinaire. Pour cela, on relie la borne Z à la borne T. Tous les courants négatifs se rendent directement à la terre, lorsqu'on relève le levier de manipulation, et les courants positifs seuls se rendent sur la ligne. Mais il n'est possible de recevoir les signaux d'un manipulateur ordinaire qu'autant que le courant reçu est faible et le ressort de sensibilité du récepteur fortement tendu.

COMPENSATION.

Lorsque aucune bande ne déroule sur la plate-forme du transmetteur, ou lorsque cette bande présente aux aiguilles une suite de combinaisons de trous représentant le signal point, nous savons que les émissions alternées sont égales et se font dans des temps égaux. Ces émissions étant alors soumises aux mêmes phénomènes de charge et de décharge, leur action sur les bobines du récepteur est toujours la même, et la bande, à l'arrivée, présente alors une série de points réguliers et séparés par des intervalles toujours égaux aux points. Mais l'alphabet Morse que M. Wheatstone reproduit avec son appareil automatique ne se compose pas uniquement de signaux d'égale durée. Ainsi nous avons le trait qui a trois fois la longueur du point, et les espaces blancs dont la longueur varie à volonté. Dans l'appareil Morse où l'armature est munie d'un ressort antagoniste, l'émission doit durer autant de temps que la longueur du signal l'exige. Mais dans l'appareil Wheatstone où nous avons une armature polarisée, et où le ressort antagoniste est remplacé par l'action d'un courant inverse, une émission de courte durée suffit pour la formation d'un trait comme pour celle d'un point. Il s'écoule donc, entre l'émission qui a commencé le trait et celle qui commence le blanc suivant, un laps de temps trois fois plus grand que l'intervalle compris entre l'émission qui commence le point et celle qui le termine. La ligne a donc pour se décharger trois fois plus de temps pendant le trait que pendant le point.

Sur les grandes lignes, la décharge est beaucoup plus lente que la charge. Or les émissions étant très-rapprochées, il en résulte que la décharge ne serait jamais complète, qnand la transmission se borne à une série de points, si une émission inverse ne venait compléter cette décharge, en annulant la queue de courant qui reste sur la ligne. Cette émission inverse s'affaiblit, il est vrai, d'une quantité égale à celle qu'elle a trouvée sur la ligne ; mais les émissions étant égales et faites dans des temps égaux, la décharge se comporte toujours de la même façon et l'action sur le récepteur est toujours la même. Lorsque la transmission comprend des traits et des espaces blancs prolongés, la décharge du courant qui commence ces signaux a le temps d'être complète avant l'émission inverse suivante, surtout avec le transmetteur ancien modèle qui met la ligne à la terre dans le poste même de départ. Cette émission inverse ne trouvant rien à annuler sur la ligne, arrive dans le récepteur avec toute sa force et produit sur les bobines un effet magnétique plus considérable qui se traduit par une attraction beaucoup plus forte de l'armature et la rend paresseuse, lorsque l'émission suivante arrive dans les bobines. Ce courant parvenu avec toute sa force produit un signal qui empiète légèrement sur le signal précédent et beaucoup sur le suivant qu'il fait souvent disparaître. Les signaux sont alors déformés et la réception illisible.

M. Wheatstone a remédié à ces inconvénients en faisant usage de courants de compensation ou d'équilibre qui, avec le transmetteur nouveau modèle, ramènent la transmission à des émissions produites à intervalles égaux. Ainsi, avec ce transmetteur, le premier tiers du trait est consacré à l'émission directe destinée à décharger la ligne et à commencer le signal; et, pendant les deux autres tiers, sont émis deux courants successifs de compensation qui ont pour but de rétablir la charge de la ligne, jusqu'à l'arrivée de l'émission inverse suivante. Ces deux courants de compensation sont évidemment de même nature que l'émission qui a commencé le signal, c'est-à-dire positifs, s'il s'agit d'un trait, et négatifs, s'il s'agit d'un espace blanc; car s'ils étaient de nom contraire, ils renverseraient l'effet magnétique produit dans les bobines par l'émission directe. En outre, s'ils arrivaient sur la ligne avec toute la force de la pile, ils agiraient trop fortement sur les bobines, car leur action s'ajouterait à la précédente et la palette redeviendrait paresseuse à l'arrivée de l'émission inverse suivante. Mais M. Wheatstone a eu soin de les affaiblir, en leur faisant traverser un rhéostat réglé de façon à maintenir l'état de la ligne dans un équilibre à peu près parfait, c'est-à-dire que l'intensité du courant qui agit sur le récepteur est toujours la même.

Nous allons étudier les effets produits avec nos deux transmetteurs, avec et sans les courants de compensation. Les chiffres dont nous nous servirons ne sont, bien entendu, qu'approximatifs. Mais, pour bien faire comprendre la marche des deux courants et les effets qu'ils produisent l'un sur l'autre et sur l'armature du récepteur, il est utile d'adopter une même ligne de conduite. Nous prendrons pour force totale des courants au départ le nombre 20, puis nous suivrons toujours la même marche, quand il s'agira ou des pertes par le récepteur, ou de la quantité de fluide qui reste sur la ligne, à chaque émission. Nous négligerons les influences de l'atmosphère, les dérivations et les pertes sur le parcours de la ligne. Mais nous chercherons quelle doit être la résistance moyenne à intercaler dans le circuit de compensation, pour arriver à combattre avec succès les nombreuses perturbations qui se produisent sur une ligne, pendant la charge et la décharge. Nous représenterons par des courbes les diverses intensités des courants émis. Ces courbes n'ont rien de commun avec les courbes d'arrivée des courants à l'extrémité d'un conducteur. Leur conformation seule nous servira pour montrer plus clairement les diverses influences exercées par les courants sur les bobines du récepteur.

Soit une ligne droite AB (pl. XL, *fig.* 1) qui sera le point de départ de toutes les émissions. Prenons sur cette droite plusieurs longueurs égales, et, pour exemple, la lettre R de l'alphabet Morse suivie d'un long espace blanc et d'un point. Alors sur la ligne AB, la première longueur AC représentera le point, c'est-à-dire la première émission positive; la longueur CD, l'espace blanc, c'est-à-dire la première émission négative ; la longueur DG, le trait, c'est-à-dire trois fois le point; la longueur GH un nouvel espace blanc et la longueur HI un second point. Puis une nouvelle longueur IL représentant un espace blanc aussi long que le trait ; puis un nouveau point LB.

Au point A, élevons sur la ligne AB une perpendiculaire AM que nous prolongerons au-dessous de AB d'une longueur égale AN. Divisons cette ligne MN en huit parties égales, quatre au-dessus et quatre au-dessous de la ligne médiane AB. Ces huit divisions représenteront les divers degrés d'intensité des deux courants. Les courbes des courants positifs seront au-dessus de la ligne AB, et au-dessous, les courbes des courants négatifs.

Le récepteur placé à l'extrémité de la ligne exige pour fonctionner une certaine force de courant qui est une fraction de l'intensité définitive. Cette force varie suivant la sensibilité du récepteur. Le courant doit en effet triompher de la résistance des bobines, de l'inertie de la palette, du magnétisme rémanent, etc. Représentons l'intensité nécessaire pour faire fonctionner le récepteur Wheatstone par deux hauteurs, l'une AO pour les courants positifs et l'autre AO′ pour les courants négatifs. Par ces deux hauteurs O et O′, menons deux droites parallèles à la ligne médiane AB. Le récepteur fonctionnera au moment où les courbes d'intensité des courants atteindront ces hauteurs. Nous appellerons ces deux lignes OR et O′R′, lignes de sensibilité du récepteur.

Étudions ce qui se passe en l'absence des courants de compensation avec le transmetteur ancien modèle.

Au point A, un courant positif s'élance sur la ligne. Parti avec une force de 20 et trouvant la ligne libre, il arrive au poste correspondant avec toute sa force et attire fortement l'armature du récepteur. La courbe

APC représente l'intensité de ce premier courant. La présence du courant dans le récepteur a été accusée au moment où la courbe a rencontré la ligne OR, c'est-à-dire au point *a*. Lorsque la courbe rencontre de nouveau la ligne OR, au point *a'*, on serait tenté de croire que la palette se détachera de l'électro-aimant. Il n'en est rien, puisqu'elle ne possède pas de ressort de rappel; elle ne se détachera que lorsque la courbe d'intensité du courant négatif qui va suivre rencontrera la ligne O'R'.

Nous venons de dire que le courant est arrivé dans le récepteur avec une force de 20 et nous avons vu plus haut que la décharge n'est jamais complète après le signal point. En effet, une partie du courant reste sur la ligne. Supposons son intensité égale à 5; quinze parties du courant se sont donc écoulées dans le sol à travers le récepteur.

Au point C, un courant négatif est envoyé sur la ligne. Parti encore avec une force de 20, puisque la pile est la même, il rencontre les cinq parties positives restées sur le fil et les annule. Il a donc perdu de sa force une quantité égale à 5 et arrive dans le récepteur avec 15 d'intensité ; c'est-à-dire plus faible que l'intensité du courant précédent qui avait attiré la palette du récepteur avec une force de 20. La courbe qui représentera ce courant négatif s'élèvera donc moins rapidement et prendra la forme CQD. La sensibilité du récepteur accuse la présence du courant au moment où la courbe rencontre la ligne de sensibilité O'R', c'est-à-dire au point *b*. C'est à ce moment seulement que l'armature changera de position. La décharge du fil s'opérera comme précédemment, puisque les intervalles AC et CD sont égaux et cinq parties environ du courant négatif resteront sur la ligne. Dix parties de ce courant se seront donc écoulées dans le sol, à travers le récepteur.

Au point D, un nouveau courant positif est envoyé sur la ligne avec une force de 20. Il trouve les cinq parties de courant négatif restées sur la ligne, les annule et arrive dans le récepteur avec une force de 15. La courbe s'élèvera plus rapidement que dans le cas précédent, car l'intensité 15 qui va attirer la palette est égale à l'intensité négative qui l'avait détachée; tandis que dans le premier cas, l'intensité négative 15 qui avait détaché la palette en *b*, était moindre que l'intensité positive 20 qui l'avait attirée. (Pour bien nous faire comprendre, expliquons dès maintenant ce que nous entendons par palette attirée et palette détachée. Nous dirons que la palette est attirée, quand elle sera soumise à l'action magnétique produite dans les bobines par le passage d'un courant positif; et, détachée, lorsque cette action sera due au passage d'un courant négatif.) — La courbe sera donc DSE. Mais à la hauteur du point E, la ligne est mise à la terre au point de départ, comme elle l'est déjà à l'extrémité de la ligne, à travers le récepteur. Cette nouvelle communication vient favoriser la décharge qui s'opère alors aux deux extrémités du conducteur. Commencée à l'arrivée du courant dans le récepteur, elle se continue rapidement jusqu' au point F où nous la supposerons complète. La palette ne se détachera cependant pas, puisqu'elle n'a pas de ressort de rappel.

Au point G, une autre émission négative a lieu. Elle trouve la ligne complétement déchargée et arrive dans le récepteur avec toute sa force, c'est-à-dire 20. La courbe d'intensité s'élevant rapidement sera donc GTH, et, au point *d* où cette courbe coupe la ligne de sensibilité, la palette se détachera. Quinze parties de ce courant se perdront à travers le récepteur et les cinq autres resteront sur la ligne, puisque l'intervalle GH est égal à l'intervalle AC ou CD.

Un courant positif est envoyé sur la ligne au point H. Là, comme dans l'émission CQD, parti avec une force de 20, il trouve sur le fil les cinq parties négatives de l'émission précédente, les annule et n'arrive dans le récepteur qu'avec une force de 15. La courbe d'intensité s'élève moins rapidement et la palette n'est attirée qu'au moment où cette courbe rencontre la ligne de sensibilité OR, c'est-à-dire au point *e*. La décharge s'opère comme dans les autres cas et cinq parties environ de ce courant restent toujours sur la ligne.

Nous avons dit que le signal suivant est un espace blanc d'une longueur égale au trait, c'est-à-dire trois divisions de la ligne médiane AB. Le courant négatif envoyé au point I avec une force de 20, trouve sur la ligne cinq parties de fluide positif. Il les annule et arrive dans le récepteur avec une force de 15. La courbe d'intensité est IVJ. Mais à la hauteur du point J, la ligne est de nouveau mise à la terre au poste de départ. La décharge du fil s'opère aux deux extrémités du fil, et la courbe d'intensité se rapproche sensiblement du point K où nous supposerons encore la décharge complète.

Le signal suivant étant un point, l'émission d'un courant positif a lieu au point L. A ce moment la ligne est libre. Le courant s'élance donc avec toute sa force et arrive de même dans le récepteur. La courbe d'intensité s'élève rapidement et la décharge s'opère comme dans les autres cas.

Et ainsi de suite.

Voyons maintenant ce que ces émissions ont produit sur la bande du récepteur. Considérons les deux lignes de sensibilité OR et O'R', et les points où les courbes coupent ces deux lignes. Nous avons des points où la palette est attirée et d'autres où elle est repoussée. Les points d'attraction sont *a*, *c*, *e*, *g*, et les points de répulsion *b*, *d*, *f*, *h*. Par ces points, menons des droites perpendiculaires à la ligne médiane AB. Nous aurons, pour le premier point, *ii'*; pour le premier espace blanc, *i'l*; pour le trait, *ll'*; pour le second espace blanc, *l'm*; pour le second point, *mm'*; pour le troisième blanc, *m'n* et pour le troisième point *nn'* : c'est-à-dire le point *ii'* trop long, l'espace blanc *i'l* trop court, le trait *ll'* à peu près normal, l'espace blanc *l'm* trop long, le point *mm'* trop court, l'espace blanc *m'n* à peu près normal, le point *nn'* trop long et ainsi de suite.

On obtient alors une réception composée de signaux irréguliers. Quelquefois même, surtout si l'état de la ligne laisse à désirer, les points manquent et beaucoup de signaux sont collés.

Voyons maintenant ce qui se passe avec les courants de compensation. Supposons, comme dans le premier cas, une ligne médiane AB (*fig.* 2), une autre ligne MN perpendiculaire à AB et deux lignes de sensibilité OR et O'R'. Prenons encore sur AB une suite de longueurs égales et divisons la ligne MN en huit parties égales, quatre au-dessus et quatre au-dessous de la ligne médiane. Ces divisions marqueront les intensités des courants positifs et négatifs, et celles de la ligne médiane seront les points de départ des émissions. Nous prendrons encore pour exemple la lettre R suivie d'un long espace blanc et d'un point.

Si la première émission sur la ligne n'avait lieu qu'en A, le même inconvénient qui s'est produit dans la formation du premier point existerait encore ici. L'émission positive arriverait dans le récepteur avec une force de 20, tandis que l'émission négative suivante n'arriverait qu'avec 15 d'intensité. Le premier point serait encore trop long. Mais le transmetteur lui-même envoie sur la ligne, en se mettant en mouvement, et avant qu'aucune bande n'ait été engagée sous le disque d'entraînement, une série d'émissions positives et négatives qui, en réagissant les unes sur les autres, deviennent bientôt égales d'intensité; et, lorsque la bande de papier perforée se présente en face des deux aiguilles, l'équilibre des deux courants existe déjà sur la ligne qui reste chargée négativement, l'aiguille négative rencontrant la dernière le papier, puisque l'aiguille positive se trouve un peu plus à droite.

A ce moment, c'est-à-dire au point A (*fig.* 2), une émission positive a lieu. Sa force au départ est de 20. Elle trouve les cinq parties négatives restées sur la ligne, les annule et arrive dans le récepteur avec une force de 15. Dix parties se perdent à travers le récepteur et cinq restent sur la ligne. La courbe d'intensité est donc APC.

Un courant négatif s'élance sur la ligne au point C et annule les cinq parties positives qu'il trouve sur le fil. Son intensité, qui était de 20 au départ, n'est plus que de 15 à son arrivée dans le récepteur. Comme précédemment 10 se perdent par le récepteur et 5 restent sur la ligne. La courbe d'intensité est CQD.

La nouvelle émission positive qui a lieu au point D et qui part, comme les précédentes, avec 20 d'intensité, annule les cinq parties de fluide négatif trouvé sur la ligne et arrive dans le récepteur avec une force de 15. La courbe d'intensité se comporte comme précédemment, jusqu'au point c', c'est-à-dire, jusqu'à la hauteur du point E de la ligne médiane. A ce moment la ligne est mise à la terre dans le transmetteur, à travers les bobines de résistance. La décharge du fil se continue donc à partir du point c'; mais elle s'opère un peu plus lentement que dans le cas précédent, à cause des bobines de résistance qui sont venues allonger le circuit et par conséquent augmenter la résistance du conducteur. Nous savons en effet que la décharge d'un fil conducteur est d'autant plus lente que la résistance est plus considérable. Pour la clarté de notre démonstration, nous supposerons la ligne complétement déchargée au point F. C'est alors que le mécanisme introduit par M. Wheatstone dans son transmetteur fonctionne. Un courant positif s'élance sur la ligne à travers la caisse de résistance. L'expérience nous a démontré que sur les lignes de Paris à

Marseille, la résistance à intercaler entre la ligne et le transmetteur (*ancien modèle*) doit être à peu près égale au quart de la longueur du fil. Prenons donc une résistance qui réduise à 15 l'intensité de notre courant à l'arrivée dans le récepteur. Ce courant compensateur perdant, pour ainsi dire, en traversant la résistance, 5 d'intensité, arrive dans le récepteur, comme les émissions précédentes, avec une force de 15. La ligne, complétement déchargée au point F, se trouve de nouveau chargée positivement pendant le troisième tiers du trait. La décharge de ce courant compensateur se comporte comme celle des autres courants, puisque l'intervalle FG est égal aux autres. Dix parties se perdent par le récepteur et cinq restent sur la ligne. La courbe d'intensité est FS′G.

Lorsque les bobines intercalées représentent le quart de la longueur de la ligne, la décharge du courant doit être complète au point F. On comprend facilement que si le contraire avait lieu, la partie de fluide qui resterait sur la ligne, s'ajoutant au courant venu à travers la caisse de résistance, arriverait dans le récepteur avec une force supérieure à 15. Ce courant agirait trop fortement sur l'armature et le signal suivant s'en ressentirait. Si la décharge n'est pas complète, ce qui peut arriver par suite des variations de la ligne, on augmente la résistance, jusqu'à ce que la force du courant qui n'est pas absorbée, pour ainsi dire, par cette résistance, jointe à l'intensité du courant qui se trouve encore sur la ligne, donne l'intensité définitive 15.

Le courant négatif émis au point G, parti avec 20 d'intensité, annule les cinq parties du courant de compensation restées sur la ligne et arrive dans le récepteur avec une force de 15. La courbe d'intensité est donc GTH.

Au point H, une nouvelle émission positive annule les 5 parties négatives qu'elle trouve sur la ligne et arrive également dans le récepteur avec une force de 15. La décharge s'opère toujours de la même façon et la courbe d'intensité est HUI.

Au point I, un courant négatif est envoyé sur la ligne. Il annule ce qui reste du courant positif qui l'a précédé et arrive dans le récepteur avec l'intensité définitive 15. Le cas qui s'est présenté au point E, se présente encore ici. La ligne est mise à la terre dans le transmetteur, à travers la résistance. La décharge du fil se continue à la hauteur du point J et, au point K, elle est complète. Cette émission négative s'est donc comportée comme l'émission positive DSF dans la formation du trait. Au point K, un courant de compensation s'élance sur la ligne, à travers la résistance. Les bobines intercalées étant les mêmes que pendant la formation du trait, l'intensité du courant compensateur est réduite à 15, à l'arrivée dans le poste correspondant. Dix parties de ce courant s'écoulent à travers le récepteur et cinq restent sur la ligne.

Un nouveau courant positif parti du point L, annule ces cinq parties négatives et arrive dans le récepteur avec 15 d'intensité.

Enfin un courant négatif émis au point B, annule les cinq parties positives restées sur la ligne.

Et ainsi de suite.

Voyons ce que ces émissions ont produit sur la

bande du récepteur au poste correspondant. Une transmission télégraphique n'est régulière qu'autant que les signaux reçus représentent fidèlement les émissions de courant destinées à les produire. Si donc les émissions successives de courant sont arrivées dans le récepteur avec la même intensité, ou en d'autres termes, si leur intensité définitive a toujours été 15, l'action de ces courants sur les bobines du récepteur sera toujours la même, les palettes subiront une influence toujours égale et les signaux seront forcément réguliers. Pour nous en assurer, menons des perpendiculaires à la ligne médiane AB, par les points d'attraction *a*, *c*, *e*, *g* et par les points de répulsion *b*, *d*, *f*, *h* de l'armature du récepteur. Nous aurons les signaux *ii'*, *ll'*, *mm'*, *nn'* et les blancs qui les séparent, d'une parfaite régularité.

Étudions maintenant les courants de compensation avec le transmetteur nouveau modèle.

Dans ce nouvel appareil, nous n'avons pas de mise de la ligne à la terre dans le poste transmetteur, pendant le deuxième tiers du trait et pendant le deuxième tiers d'un espace blanc de même longueur que le trait. Mais, sans l'emploi des courants de compensation, la ligne, pendant la formation de ces deux signaux, a trois fois plus de temps pour se décharger, que pendant la formation des signaux point et espace blanc de longueur égale au point. Il s'ensuit qu'à la fin des signaux traits et espaces blancs prolongés, la décharge de la ligne est complète. Nous n'avons donc qu'à nous reporter à la *fig.* 1 (pl. XL).

Mais, dans cet appareil, l'emploi de courants de

compensation présente quelques différences. La mise de la ligne à la terre est remplacée par un courant de compensation émis avant le courant de compensation envoyé sur la ligne pendant le dernier tiers du trait ou d'un espace blanc égal à la longueur du trait. Le résultat est le même, au point de vue de la réception, mais le réglage de la caisse de résistance diffère. Les deux courants de compensation ne sont que la prolongation de l'émission directe, puisque le levier inverseur ne se déplace pas. Mais, pour mieux faire comprendre nos explications, nous supposerons toutes ces émissions séparées, c'est-à-dire la transmission ramenée à des émissions faites à intervalles égaux.

Prenons encore pour exemple la lettre R suivie d'un long espace blanc et d'un point (*fig.* 3). Divisons la ligne AB comme dans la *fig.* 2. Menons les parallèles d'intensité positive et négative, de 5 à 25, ainsi que les lignes de sensibilité du récepteur OR, O'R'. Au point A, une émission positive part avec une force de 20; elle rencontre cinq parties négatives sur la ligne, les annule et arrive dans le récepteur avec une force de 15. La courbe d'intensité est APC. Dix parties s'écoulent à travers le récepteur et cinq restent sur la ligne.

Au point C, une émission négative commence notre premier espace blanc. Partie avec une force de 20, elle trouve sur la ligne les cinq parties positives du courant précédent, les annule et arrive dans le récepteur avec 15 d'intensité. La courbe est CQD. La décharge se comporte comme dans le cas précédent, puisque la division CD est égale à la division AC. Dix parties de courant s'écoulent par le récepteur et cinq restent sur la ligne.

Une seconde émission positive, partie du point D avec une force de 20, rencontre sur la ligne les 5 négatives restées, les annule et arrive dans le récepteur avec une force de 15. La courbe d'intensité est DSE. La décharge se comporte comme précédemment, c'est-à-dire que 10 parties s'écoulent à travers le récepteur et 5 restent sur la ligne au point E. Mais à ce moment, une première émission de compensation a lieu. Elle est évidemment de même nature que l'émission qui a commencé le trait. Si elle arrivait sur la ligne avec toute sa force, en s'ajoutant aux 5 parties restées sur le fil, son action sur les bobines serait beaucoup trop forte. La courbe d'intensité deviendrait EZF. Il est donc de toute nécessité de réduire l'intensité de ce courant et de la ramener à 15 à son arrivée dans le récepteur. Nous intercalerons donc entre la ligne et le transmetteur une résistance double de celle employée avec le transmetteur ancien modèle. Dans ce dernier appareil, en effet, nous réduisions l'intensité de notre courant de 5; dans le nouveau, nous devons la réduire de 10. Prenons donc des bobines de résistance en conséquence, et notre courant compensateur arrivera dans les bobines du récepteur avec 15 d'intensité. La courbe sera ES'F. La décharge se comportera en F, comme dans les autres cas, puisque la division EF est égale à chacune des divisions précédentes, c'est-à-dire que 10 parties s'écouleront par le récepteur et 5 resteront sur la ligne. Au point F, c'est-à-dire au troisième tiers du trait, une seconde émission de compensation s'élance sur la ligne. Partie avec une force de 20, son intensité, vu les bobines intercalées, serait réduite à 10. Mais n'oublions pas que 5 parties d'un courant de même nature sont restées sur la ligne au point F. La courbe d'intensité s'élève donc comme la précédente, et la décharge se comporte de la même façon, c'est-à-dire que 10 parties s'écoulent à travers le récepteur et 5 positives restent sur la ligne.

Au point G, une émission négative destinée à former le second espace blanc va sur la ligne avec 20 d'intensité. Elle rencontre les 5 positives restées sur le fil et les annule; son intensité représentée par la courbe GTH est réduite à 15 à son arrivée dans le récepteur. 10 parties s'écoulent par le récepteur et 5 restent sur la ligne.

Une nouvelle émission positive a lieu au point H. Partie avec une force de 20, elle annule les 5 négatives restées sur la ligne et arrive dans le récepteur avec une force de 15. La courbe d'intensité est HUI, et la décharge s'opère comme dans l'émission précédente.

Au point I doit commencer l'espace blanc égal à la longueur du trait. L'émission négative partie avec 20 d'intensité annule les 5 positives restées sur la ligne, et arrive dans le récepteur avec une force de 15. La courbe d'intensité est IVJ. La décharge à la fin du premier tiers de l'espace blanc se comporte comme précédemment, c'est-à-dire que 10 parties s'écoulent par le récepteur, et 5 négatives restent sur la ligne. Au commencement du deuxième tiers, une première émission de compensation va sur la ligne. Son intensité, qui est 20 au départ, est bientôt réduite à 10, par suite de l'intercalation des bobines de résistance; mais elle trouve sur la ligne les 5 parties de même nature. La courbe d'intensité, qui eût été JzK, si le courant était arrivé dans le récepteur avec toute sa force, devient alors JV'K. Puis 10 parties s'écoulent à travers le récepteur, et 5 négatives restent sur la ligne. Au troisième tiers de l'espace blanc, un second courant de compensation est émis. Parti avec une force de 20, il traverse la caisse de résistance. Mais alors son intensité serait réduite à 10, si la ligne était libre : n'oublions pas que 5 parties négatives sont restées sur la ligne. Alors la courbe d'intensité redevient KV''L. Puis la décharge s'opère comme dans les cas précédents : 10 parties s'écoulent à travers le récepteur, et 5 restent sur la ligne.

Au point L, un courant positif va sur la ligne, pour la formation du point suivant. Parti avec une force de 20, il annule les 5 parties négatives qu'il trouve sur la ligne, et arrive dans le récepteur avec une force de 15. 10 parties s'écoulent par le récepteur, et 5 restent encore sur la ligne.

Et ainsi de suite.

Si par les points d'attraction et de répulsion situés sur les lignes de sensibilité, nous menons des perpendiculaires à la ligne AB, nous aurons les signaux *ii'*, *ll'*, *mm'*, *nn'* et les espaces blancs qui les séparent, d'une parfaite régularité, puisque les diverses intensités de courant, en arrivant dans le récepteur, ne varient jamais. Les bobines étant traversées par des courants toujours égaux, les palettes sont toujours influencées de la même façon : les signaux ne laissent donc rien à désirer, sous le rapport de la régularité.

Ce nouvel appareil a, comme nous venons de le voir, un grand avantage sur l'ancien modèle. La mise de la ligne à la terre est supprimée, et la transmission est ramenée à des émissions à intervalles égaux.

Ce qui diffère dans les deux appareils est le réglage de la résistance. Nous y reviendrons lorsque nous nous occuperons du réglage général de tout le système.

On reconnaîtra maintenant l'utilité des courants de compensation dans l'appareil Wheatstone. Leur but est, nous le répétons, de maintenir la charge de la ligne dans un état parfait d'équilibre et de faire arriver dans le récepteur des courants d'intensité toujours égale.

Enfin, ces courants compensateurs convenablement distribués, comme nous venons de le voir, et de concert avec les courants alternés, ont permis à M. Wheatstone de donner à son appareil une grande vitesse de transmission.

RÉGLAGE ET DÉRANGEMENTS

On entend par réglage, les conditions indispensables que chacun des organes entrant dans la composition de l'appareil doit remplir, pour produire un fonctionnement régulier;

Et par dérangement, tout ce qui ne répond pas à ces conditions.

Quand on met un appareil en ligne, il faut admettre qu'il a été soumis à un réglage général. Mais, en raison des mouvements rapides de certains organes, ce réglage peut progressivement disparaître et produire alors des dérangements.

C'est ce réglage général que nous nous proposons de faire connaître; et, lorsque nous nous serons familiarisés avec lui, il nous sera facile de relever les dérangements s'il s'en présente.

Nous avons décrit les diverses pièces qui composent chaque appareil et indiqué suffisamment leur position à l'état de repos, pour ne pas revenir sur les conditions que doivent remplir un grand nombre d'organes. Pour éviter les longueurs et les répétitions, nous nous bornerons à faire connaître le réglage des pièces qui jouent un rôle principal dans le jeu des appareils.

PERFORATEUR.

Le réglage du perforateur consiste spécialement dans la liberté de mouvement à assurer aux poinçons et aux divers leviers, dans la tension à donner au ressort antagoniste et au ressort du galet, et enfin dans la position à assigner à la vis-butoir N (pl. III, *fig.* 2).

Dans les pièces affectées spécialement à la perforation, on doit assurer les mouvements libres des leviers perforateurs sur leur axe commun, le parallélisme des poinçons, leur frottement très-doux dans les ouvertures qu'ils traversent, eux et leurs goupilles; la force nécessaire des ressorts à boudin t, t' et le niveau exact de l'extrémité des poinçons avec la face antérieure de la plaque H. Les lamelles qui séparent les deux plaques H et H' doivent présenter à la bande de papier leur bord convexe, afin de n'offrir à cette bande qu'un seul point de frottement (pl. I *fig.* 4.)

Dans le mécanisme de progression, toutes les vis à portée servant de points d'appui aux divers leviers doivent être serrées à fond, sans toutefois s'opposer au fonctionnement rapide de ces leviers. La roue d'entraînement doit être très-libre sur son axe et ses dents ne doivent jamais frotter ni contre les plaques H et H', ni contre la fourchette qui la supporte. Elle doit en même temps basculer facilement, lorsque la pression de la tige PP' s'exerce sur le prolongement de la fourchette, dans le but de dégager la bande.

La tension du ressort antagoniste a pour but de ramener en arrière tout le système servant à la progression du papier, lorsque la perforation a été opérée. Elle doit donc être suffisante pour exécuter cette opération, mais elle ne doit pas dépasser une certaine limite; car, si elle était trop forte, l'action de cette tension qui se transmet, par l'intermédiaire du levier de progression et du cliquet, aux dents de la roue d'entraînement, occasionnerait la déformation des trous de la ligne médiane de la bande. En outre la perforation deviendrait laborieuse pour l'employé qui aurait alors à triompher d'une plus grande résistance en frappant sur les pistons. Si, d'un autre côté, cette tension était trop faible, la progression serait paresseuse.

La tension du ressort du galet doit être beaucoup plus faible que celle du ressort antagoniste, mais elle doit cependant être assez forte pour maintenir les dents du cliquet aux prises avec les dents de la roue d'entraînement. Si cette pression était trop faible, le cliquet pourrait, en revenant à droite, ne pas rester engagé avec les dents de la roue d'entraînement et, par conséquent, ne pas faire avancer le papier. Si cette pression était trop forte, son action s'ajoutant à celle du ressort antagoniste augmenterait la déformation des trous de la ligne médiane de la bande. De plus le saut du cliquet s'opérerait plus difficilement. L'expérience acquise par une grande observation fait qu'avec le doigt, on trouve du premier coup si la tension de ces deux ressorts est suffisante.

Nous venons d'indiquer deux causes produisant le

même effet : la déformation des trous de la ligne médiane. Nous allons en trouver une troisième dans le réglage de la vis-butoir N.

Les dents de la roue d'entraînement devant s'engager librement dans les trous de la ligne médiane, il est indispensable que la distance qui sépare deux de ces trous soit égale à l'intervalle de deux dents de cette roue. Dans la perforation du signal trait, nous savons que les deux poinçons de l'étage du milieu fonctionnent. Pour que les deux perforations qui en résultent reçoivent exactement les dents de la roue d'entraînement, il faut donc qu'elles soient éloignées l'une de l'autre d'une longueur égale à l'intervalle de deux dents. La distance qui sépare ces deux poinçons est en effet égale à l'intervalle de deux dents de la roue d'entraînement. Mais, dans les perforations point et blanc, l'intervalle de deux trous de la ligne médiane est déterminé par la position qu'occupe la vis-butoir N. En effet, l'arc de cercle décrit par chacune des dents de la roue d'entraînement, après ces deux perforations, est déterminé par le cliquet lui-même qui pousse la dent avec laquelle il est engagé, jusqu'à ce qu'il vienne buter contre la vis N. Nous avons vu qu'après ces deux perforations la bande avance d'une longueur égale à l'intervalle de deux trous de la ligne médiane. Mais comme ces intervalles doivent être tous égaux, quelle que soit la combinaison, il faut donc que la vis-butoir N ne permette pas à la roue d'entraînement de faire avancer la bande, dans les perforations point et blanc, d'une longueur plus grande que l'intervalle qui sépare les deux poinçons fonctionnant dans la combinaison trait, ou bien l'intervalle compris entre deux dents de la roue d'entraînement.

Supposons la vis-butoir bien réglée. Dans ce cas, la distance qui sépare du poinçon *j* (pl. XLI, *fig.* 1) la pointe de la dent 2 prête à saisir la bande, doit être égale à l'écartement des deux poinçons et par conséquent à l'intervalle de deux dents de la roue. Après la dernière perforation, la dent 1 s'est engagée dans le trou *a* et la bande s'est avancée d'une longueur égale à *ab* ; mais en même temps la dent 2 est venue se placer en face du trou *b* résultant de la dernière perforation. Une nouvelle perforation opérée en *c*, c'est-à-dire à une distance de *b* égale à l'intervalle de deux dents, permettra donc à la dent 2 de s'engager dans le trou *b*, et la bande avancera d'une longueur égale à la précédente. La dent 2 se trouvera sur la verticale AB (*fig.* 2). Si les deux poinçons fonctionnent en même temps, deux nouvelles perforations se présenteront aux dents de la roue; et, comme la distance qui les sépare est égale aux intervalles précédents, ou à l'intervalle de deux dents de la roue, et que le cliquet exécute un double saut, la bande avançera de deux intervalles, c'est-à-dire que la dent 3 s'engagera dans le trou *c* et la dent 4 dans le trou *d*. La dent 4 se trouvera sur la verticale AB (*fig.* 3). Et ainsi de suite.

Supposons la vis-butoir N trop à droite. Le cliquet, en revenant au repos, se porte trop à droite et entraîne la dent 6 (*fig.* 4). Par suite, la dent 1 qui, dans la *fig.* 1, coïncidait avec la verticale AB, se trouve un peu à gauche de cette ligne et a par conséquent entraîné la bande d'une longueur *cb*, c'est-à-dire plus grande que *cb'*. L'intervalle *bc* est alors plus grand que la distance séparant les deux poinçons ou deux dents de la roue d'entraînement. Il est donc facile de concevoir que si l'intervalle de deux trous de la ligne médiane est trop grand, les dents de la roue d'entraînement ne s'engageront pas directement dans les trous ; elles presseront la bande à côté de la perforation et la déchireront à gauche des trous.

Si, au contraire, la vis-butoir est trop à gauche, la dent n'arrivera pas jusqu'à la verticale AB. Les intervalles des trous de la bande seront plus petits que l'écartement de deux dents de la roue, et ces dents déchireront encore la bande, mais de l'autre côté du trou.

Les trous pratiqués dans le bloc M supportant la vis-butoir et que traversent les deux vis de serrage, sont elliptiques, afin de permettre le déplacement de ce bloc, en vue du réglage du butoir.

Quant à la tension du ressort antagoniste et à celle du ressort du galet, on la fait varier en serrant ou desserrant les vis qui fixent ces ressorts.

La mauvaise progression du papier est le dérangement le plus fréquent dans le perforateur. On vérifie alors avec le doigt la pression du galet sur le dos du cliquet et la tension du ressort antagoniste, et l'on corrige s'il y a lieu. Si la mauvaise progression persiste, on examine les trous de la ligne médiane ; et, s'ils sont déchirés, on fait varier la position de la vis-butoir en portant soit à gauche, soit à droite le bloc qui la porte, jusqu'à ce que les trous soient d'une netteté parfaite. Si cette netteté ne peut être obtenue par le réglage de la vis-butoir, c'est que l'un des deux ressorts est trop fort.

Une mauvaise progression du papier peut encore être due à la présence d'un mastic qui se forme entre les plaques de perforation. La poussière du papier engendre ce mastic. Il faut alors démonter les plaques et les nettoyer.

Le levier de dégagement doit aussi attirer l'attention. La liaison de la tige qui le commande avec le levier perforateur, son articulation avec cette tige et son point d'appui doivent être vérifiés avec soin. On doit veiller surtout à ce que son extrémité libre qui arrête le levier de progression pendant les perforations du point et de l'espace blanc, se dérobe bien au passage de ce levier pendant la perforation trait.

Le ressort-lame *rt* qui soulève le guide-papier *ti* (pl. III, *fig.* 2), doit être faible. Une tension exagérée de cet organe presserait trop fortement la bande contre le guide fixe *b*, et la résistance qui en résulterait nuirait à la progression.

La progression paresseuse peut provenir encore d'une résistance trop grande offerte par le rouet qui porte le rouleau et qui peut ne pas pivoter très-librement sur son axe, ou encore du frottement du rouleau contre les parois de la boîte qui le renferme. Il faut alors porter les recherches jusque-là.

Enfin on doit aussi s'assurer de l'action du ressort à boudin qui commande le levier-support P*l* du cylindre de bois C*y* (pl. II, *fig.* 1).

Quand toutes ces précautions ont été prises, on arrive certainement à un bon résultat.

PNEUMATIQUE.

Les touches doivent être libres sur leur axe commun, et l'action des ressorts chargés de les relever doit être assez puissante, sans toutefois dépasser une certaine limite; car si ces ressorts étaient trop forts, la perforation deviendrait très-pénible.

Les pistons-tiroirs doivent glisser à frottement très-doux sur les parois de leurs cylindres. A l'état de repos, le trou de la chambre à air doit seul se trouver entre les deux épaulements du piston; et, lorsque le piston est abaissé, tous les trous doivent se trouver entre les deux épaulements.

Le piston pneumatique doit se mouvoir à frottement doux dans le cylindre qui le renferme et la rondelle de cuir qui entoure la tête du piston doit être souvent humectée d'huile ou enduite de suif, afin de faciliter le glissement. Lorsque le piston est trop serré dans son cylindre, on peut marteler légèrement la languette de cuir. Les ressorts à boudin chargés de relever ces pistons doivent avoir évidemment la force nécessaire pour effectuer ce relèvement; mais leur trop grande force serait une résistance de plus offerte à l'abaissement du piston et la perforation serait défectueuse.

Quand on fait usage du pneumatique pour la perforation, il faut bien examiner, dans le cas où la progression serait paresseuse, si le dérangement est dans le perforateur ou dans le pneumatique. On vérifie d'abord le perforateur avec les marteaux; et, s'il fonctionne bien, c'est que le dérangement se trouve dans le pneumatique. On vérifie alors les organes qui le composent, et on le ramène aux conditions de réglage que nous venons d'indiquer.

Il arrive quelquefois que le dérangement du perforateur pneumatique provient des variations de la pression de l'air. Un perforateur demande tantôt une pression faible, tantôt une pression forte; il faut alors obéir aux exigences du perforateur et régler la pression en conséquence.

L'organe du pneumatique le plus sujet à dérangement est le piston pneumatique : aussi l'attention doit-elle se porter là, avant toute autre recherche.

TRANSMETTEUR.

Les différents axes qui composent le mouvement d'horlogerie doivent glisser à frottement doux dans leurs coussinets ; et les trois disques servant à la transmission du mouvement par pression doivent être propres et exempts de toute humidité. Le mouvement n'est transmis qu'à cette condition. Si par mégarde de l'huile venait à se répandre sur ces disques, ils patineraient les uns sur les autres et annuleraient l'action modératrice du volant.

Le ressort qui presse en avant l'axe du volant doit être assez fort, et la pression qu'il exerce sur cet axe est réglée au moyen des deux vis qui le fixent sur la platine antérieure. Il faut éviter de mettre de l'huile dans les engrenages ; car, à la longue, l'huile mêlée à la poussière se dessèche et forme un cambouis qui fait ralentir le mouvement. Cet appareil fort délicat rentre dans le domaine de l'horlogerie, et le mécanicien chargé du nettoyage général doit seul huiler les axes. Si cependant le besoin d'huile se faisait sentir, ce que l'on reconnaît aux variations de vitesse du mouvement, on peut alors huiler légèrement les pivots des axes, en se servant, non d'un pinceau, mais d'une pointe métallique. De petites ouvertures ont été pratiquées dans ce but à l'extérieur des platines, où aboutissent les pivots des axes. On peut encore huiler, mais toujours très-légèrement, les points d'articulation de la bielle avec le balancier et l'excentrique, ainsi que le morceau d'agate sur lequel s'appuie en avant l'axe du volant.

Il faut veiller à ce que la chaîne ne s'entortille pas et que rien ne la gêne dans son mouvement. Quelquefois une maille se présente en travers au galet de l'axe A^2. L'application normale de la chaîne sur la poulie correspondante n'est plus assurée et le mouvement s'arrête brusquement. Dans ce cas on fait rétrograder le mouvement, jusqu'à ce que le maillon mal engagé soit redressé.

Pour que le mécanisme reste le plus longtemps possible dans de bonnes conditions, on doit le tenir constamment renfermé dans sa boîte vitrée, à l'abri de la poussière.

Dans le mécanisme de transmission, tous les leviers doivent être libres sur leurs points d'appui et l'état de propreté de ces points d'appui est indispensable, car ils servent à la propagation des courants. Les ressorts à boudin des leviers de pile et des leviers d'aiguille doivent avoir une force en rapport avec les fonctions que ces organes ont à remplir. La position des manchons est réglée de façon qu'ils déplacent le levier de compensation ou le levier inverseur au moment où les bras horizontaux des leviers d'aiguille arrivent à leur maximum d'élévation. Le levier de compensation et le levier inverseur doivent se mouvoir très-librement et les oscillations du levier de compensation sont limitées autant que possible, afin d'assurer les émissions compensatrices. Le ressort du galet S doit avoir une force suffisante pour empêcher les vibrations de ces deux leviers et les maintenir dans la position donnée par l'un ou l'autre des manchons. Mais cette force ne doit pas dépasser une certaine limite, sinon les ressorts H et H′ qui commandent les leviers A et B ne pourraient faire osciller le levier de compensation ou le levier inverseur. L'ordre régulier des émissions serait troublé et la réception mauvaise. Dans le transmetteur nouveau modèle, les deux ressorts à boudin L et K qui relient les segments du disque inverseur aux blocs P et P′ ne doivent pas être tendus, car ils opposeraient une résistance aux oscillations du levier d'inversion.

La vis isolée est réglée de façon à empêcher les deux leviers de pile de toucher en même temps les goupilles placées entre eux. Le jeu des goupilles entre ces leviers doit être aussi petit que possible, mais s'il y avait contact d'une goupille avec les deux leviers à la fois, le circuit de la pile serait fermé dans le transmetteur même et le courant n'irait pas sur la ligne.

Les deux aiguilles doivent pivoter très-librement sur les goupilles qui les supportent, et les ressorts à boudin qui ont pour but de les ramener au contact des pointes des vis de réglage doivent être beaucoup plus faibles que les autres ressorts du mécanisme. Toutefois leur tension doit être suffisante pour les ramener rapidement. Les fentes pratiquées dans la plate-forme et dans la plaque T que traversent les aiguilles doivent être tenues très-proprement, car tout corps étranger introduit dans ces fentes paralyse le mouvement horizontal des aiguilles.

Il nous reste à établir la position que doivent occuper les aiguilles dans ces fentes, et qui est déterminée par les vis de réglage. Mais pour cela nous sommes obligés de revenir sur la relation qui existe entre les oscillations du balancier permettant les mouvements d'élévation des aiguilles, et le passage de la bande perforée au-dessus de ces aiguilles.

Nous avons vu que pendant un mouvement complet du balancier passe au-dessus des aiguilles l'intervalle de deux trous de la ligne médiane de la bande, ou l'intervalle de deux dents de la roue d'entraînement. En outre, les aiguilles s'élevant alternativement à chaque demi-mouvement du balancier, il en résulte qu'à chaque mouvement complet la même aiguille s'élève. Si donc l'aiguille positive s'est élevée en *a* (pl. XLI, *fig.* 11), elle s'élèvera de nouveau en *b*, en *c*, en *d*, en *e*, en *f*, etc.

Par le centre de la roue d'entraînement (pl. XLI, *fig.* 5), menons la verticale AB et faisons coïncider l'aiguille positive V avec cette ligne. Dans son mouvement d'élévation, elle butera contre l'axe de la roue d'entraînement, au lieu de traverser la bande. On ne peut donc pas, comme nous venons de le faire, maintenir cette aiguille dans le plan vertical passant par le centre de l'axe de la roue d'entraînement. La vis de réglage sur laquelle elle s'appuie nous permet de la placer à droite ou à gauche de cet axe. Nous ne pouvons la placer à droite, car la bande de papier qui déroule dans le sens de la flèche *f*, entraînant toujours légèrement à gauche l'aiguille qui l'a traversée, la ferait rencontrer l'axe. Alors nous la placerons à gauche de l'axe CD, de façon qu'elle rencontre le trou *a* (*fig.* 6) situé à une distance du trou *b* égale à l'intervalle de deux trous de la ligne médiane ou de deux dents de la roue d'entraînement, correspondant à un mouvement complet du balancier.

Le diamètre des trous dans lesquels pénètrent les aiguilles est environ le double du diamètre de la pointe des aiguilles (*fig.* 9) ; par conséquent l'aiguille, en rencontrant le trou, peut le traverser, soit au centre *c* (*fig.* 10), soit près du bord de gauche *d*, soit près du bord de droite *e*. La bande déroulant dans le sens de la flèche *f''*, il y a donc avantage à ce que l'aiguille pénètre dans le trou, près du bord de gauche *d*, afin de rester en relation avec ce trou pendant tout le temps qu'il mettra à parcourir la distance *de*. Dans la pratique, la distance qui sépare le plan vertical AB passant par le centre de l'axe de la roue d'entraînement (*fig.* 6), du plan EF passant par le centre de la pointe de l'aiguille V, doit être égale à 3^{mm} environ, distance qui sépare également deux trous de la ligne médiane.

Quelle doit être maintenant la position de l'aiguille négative ? Nous avons dit plus haut qu'elle est un peu à gauche de l'aiguille positive. Étudions le pourquoi.

Les perforations formant la combinaison du signal point étant situées sur une même ligne verticale (*fig.* 12), plaçons les pointes de nos deux aiguilles dans un même plan perpendiculaire à la platine. D'après les explications données plus haut, nous savons que l'aiguille positive s'élèvera en *a*, en *b* et en *c* (*fig.* 7) et s'abaissera en *a'*, en *b'* et en *c'*. Mais n'oublions pas qu'un demi-mouvement du balancier élève une aiguille et abaisse l'autre. Si donc l'aiguille négative se trouve placée dans le plan de l'aiguille positive, ses points d'élévation seront opposés à ceux de l'aiguille positive, c'est-à-dire que l'aiguille négative s'élèvera en *d*, en *e* et *f*, et s'abaissera en *d'*, en *e'* et en *f'*. Les émissions négatives ou positives ne pouvant avoir lieu qu'autant que les aiguilles traversent la bande, nous n'obtiendrons alors aucune émission négative, puisque l'aiguille de ce nom, en s'élevant en *d*, en *e* et en *f*, est arrêtée par la bande.

Faisons alors rétrograder l'aiguille négative de *d* en *d'*, au moyen de la vis de réglage sur laquelle elle s'appuie, tout en conservant la même position à l'aiguille positive : alors les points d'élévation seront *d''*, *e''* et *f''* et les points d'abaissement *d'''*, *e'''* et *f'''*. L'aiguille traversant la bande permettra donc l'envoi sur la ligne d'une émission négative.

Comparons maintenant les positions des deux aiguilles.

Le point d'élévation *a* de l'aiguille positive correspond au point d'abaissement *d'''* de l'aiguille négative, c'est-à-dire que les deux mouvements sont simultanés. Le point d'abaissement *a'* correspond au point d'élévation *d''*, enfin les points *b*, *b'*, *c*, *c'* correspondent aux points *e'''*, *e''*, *f'''* et *f''*. Nous voyons donc que l'aiguille négative s'engagera dans un trou de la ligne inférieure, au moment même où l'aiguille positive sort du trou de la ligne supérieure placé sur une même ligne verticale.

L'écartement des deux plans perpendiculaires à la platine et passant par le centre des pointes des deux aiguilles doit donc être égal a l'intervalle $d''' d''$, c'est-à-dire la moitié de l'intervalle séparant deux trous de la ligne médiane, ou, ce qui est la même chose, à peu près le diamètre des trous.

Si donc nous obtenons en a, b, c des émissions positives, et que les émissions négatives en d'', e'', f'' correspondent aux points d'abaissement de l'aiguille positive, c'est-à-dire aux points a', b', et c', nous enverrons alors sur la ligne des courants alternés émis à intervalles égaux et nous obtiendrons les signaux i, i', i''.

Voyons maintenant ce que le réglage des aiguilles nous donne pendant la combinaison du signal trait. Cette combinaison, nous le savons déjà, occupe sur la bande un espace trois fois plus grand que celui occupé par la combinaison point. Nous aurons donc (*fig.* 8) trois demi-mouvements du balancier. Les points d'élévation de l'aiguille positive seront m et n; mais nous n'aurons d'émission qu'en m, puisque là seulement se présente à l'aiguille une perforation. Le point d'abaissement est en m'. Pour l'aiguille négative, le point d'élévation sera en o, et les points d'abaissement en o', p'. Au point o, la bande n'est pas perforée : nous n'aurons donc pas d'émission négative. Ce n'est que le quatrième demi-mouvement qui nous donnera en n' un point d'abaissement de l'aiguille positive et, en p, un point d'élévation de l'aiguille négative, où nous aurons une émission qui coupera notre trait.

Le résultat est le même s'il s'agit d'un espace blanc.

Donc, pour que le réglage des aiguilles soit dans de bonnes conditions, il faut que la pointe de l'aiguille positive soit éloignée du centre de l'axe de la roue d'entraînement d'une longueur égale à l'intervalle de deux trous de la ligne médiane, c'est-à-dire environ 3^{mm}; et que l'aiguille négative soit portée un peu plus à gauche, à 4^{mm} 1/2 environ du centre de cet axe.

En examinant une bande perforée, on voit que la partie de la bande qui sépare deux perforations d'une même ligne est plus courte que le diamètre des trous. M. Wheatstone, en adoptant cette disposition, a été obligé de tenir compte du diamètre de l'aiguille qui est d'environ 1^{mm}. En agrandissant les trous au détriment de l'espace non perforé, il a établi d'une manière plus parfaite le libre passage de l'aiguille à travers la bande. L'aiguille a pour se mouvoir un champ plus vaste et l'émission du courant est mieux assurée.

Le réglage des aiguilles ne peut s'obtenir que par tâtonnement. Nous allons indiquer un moyen simple et rapide qui nous a toujours réussi et nous a donné un excellent résultat, au bout de quelques minutes seulement.

Mettre les appareils en local et donner au transmetteur comme au récepteur leur minimum de vitesse ; puis mettre sur zéro l'indicateur du disque de réglage. Desserrer avec exagération les deux vis de réglage en commençant par la postérieure ou positive, jusqu'à ce que l'on n'obtienne aucun signal sur la bande du récepteur. Serrer la vis de l'aiguille positive, sans s'occuper de la négative, jusqu'à la production d'un trait continu sur la bande : cela indique que les émissions positives ont lieu; mais cela ne dit pas que l'aiguille est arrivée au point *d* (*fig.* 10), où elle doit s'élever ; car elle peut ne s'élever qu'en *c* ou même en *e*, et produire cependant une émission positive. Continuer alors de serrer la vis, mais légèrement, de façon à la rapprocher du point *d*, mais sans le dépasser.

Passer ensuite à la vis de l'aiguille négative et la serrer, jusqu'à ce que la distance qui doit exister entre les deux plans passant par les extrémités des deux aiguilles, distance que nous venons de déterminer, soit égale à la moitié de l'intervalle de deux trous de la ligne médiane, c'est-à-dire 1mm 1/2 environ. Serrer ou desserrer cette vis, jusqu'à ce que la réception soit nette et bien régulière.

On augmente alors progressivement la vitesse, et, si la réception se maintient régulière, on essaye l'appareil en ligne.

Si l'on opère sur le transmetteur nouveau modèle, il faut avoir soin, en augmentant la vitesse en local, de se servir de la caisse de résistance pour la compensation. Car les émissions n'étant pas alternées, il arrive que plusieurs émissions de même nom circulant successivement dans les bobines du récepteur, et en plus grand nombre que les émissions inverses, produisent dans les bobines un effet magnétique trop considérable et nuisent à la netteté des signaux. La mauvaise réception peut venir de là.

Avec le transmetteur ancien modèle, la mise à la terre pendant le trait et les espaces blancs atténue un peu cet effet; mais l'intercalation de bobines de résistance ne doit pas être négligée.

En mettant les appareils en local, il est toujours préférable de diminuer la pile; car l'appareil Wheatstone, appelé à desservir les plus grandes lignes, exige une pile en rapport avec la longueur du fil; et, si l'on se servait de cette pile pour la transmission en local, on s'exposerait à brûler les bobines, ou tout au moins à dénuder le fil.

On peut encore, sans changer la pile, se créer une ligne artificielle, au moyen d'un rhéostat. Dans ce cas, il faut utiliser la compensation, comme si l'on transmettait en ligne.

RÉCEPTEUR.

Ce que nous avons dit du mouvement d'horlogerie du transmetteur, au sujet des engrenages et des disques, s'applique également au mouvement d'horlogerie du récepteur. Nous n'y reviendrons donc pas.

Le réglage de l'électro-aimant consiste principalement dans la position que l'armature doit occuper entre les plaques polaires des bobines. Cette position est établie au moyen des deux vis de réglage entre lesquelles oscille le prolongement oblique de la palette inférieure. Les deux palettes doivent se trouver à égale distance des plaques polaires, et l'amplitude de leurs oscillations doit être réduite autant que possible, dans le but d'augmenter la sensibilité du récepteur. En effet, moins l'armature aura de chemin à parcourir, plus son fonctionnement sera rapide.

Les deux laitons de la manette occupant le centre de la plaque métallique antérieure ne doivent pas toucher la tige que porte la palette inférieure, car ils gêneraient les mouvements de l'armature et, par suite, de la molette; l'impression serait défectueuse.

Le ressort-lame qui enferme l'axe de la molette dans l'échancrure du bras qui le supporte en avant, doit s'appliquer exactement sur toute la longueur de ce bras. La molette doit être maintenue à une certaine distance de l'enclume sur laquelle déroule la bande. On doit établir cette distance de façon que la molette, en venant frapper la bande, la touche légèrement sans la presser. S'il y avait pression, le papier n'avancerait que très-irrégulièrement. On peut faire varier cette distance au moyen des vis de réglage de l'armature; mais il faut avoir soin, en déplaçant ces vis, de ne pas détruire le réglage de l'armature elle-même.

La pression du cylindre-laminoir supérieur sur le cylindre inférieur dépend de la force du ressort R*l* (pl. XXV, *fig.* 1, et pl. XXIV). Elle doit assurer le déroulement régulier de la bande, sans être exagérée : dans ce cas, elle causerait un ralentissement de tout le mouvement. On la règle au moyen des deux vis qui fixent le ressort R*l* sur la platine. Le cylindre supérieur doit en outre tourner très-librement sur son axe. Il est bon d'y mettre un peu d'huile de temps en temps. Cette partie du mécanisme imprimeur est une des plus délicates du récepteur, et souvent on cherche ailleurs la cause d'un mauvais déroulement de l'appareil, quand elle se trouve dans la pression du cylindre supérieur sur le cylindre inférieur, ou dans le frottement trop dur de l'axe du cylindre supérieur dans ses coussinets.

Le rouet qui porte le rouleau de papier doit pivoter très-librement sur son axe, et la bande de papier, en quittant ce rouet, doit contourner les deux cylindres de bois et remonter librement vers le guide à tête carrée, l'enclume et les cylindres-laminoirs.

Nous nous occuperons de la chaînette de sensibilité dans le chapitre qui traitera de la manœuvre des appareils.

MANIPULATEUR.

Le levier vertical qui porte le galet et commande la plaque en ébonite, doit être solidement relié au levier de manipulation; car ce sont les mouvements imprimés à ce dernier qui produisent les oscillations de la plaque.

Les plaques de contact qui terminent les ressorts-lames *r* et *r'* (pl. XXIX), exigent une propreté parfaite et doivent osciller régulièrement entre leurs colonnes respectives, en établissant les contacts deux à deux alternativement. La même plaque ne doit pas toucher deux colonnes à la fois, sinon le circuit de la pile serait fermé dans le manipulateur et aucun courant n'irait sur la ligne. Le réglage des ressorts *r* et *r'* s'opère au moyen des vis qui les fixent sur les blocs métalliques de la plaque en ébonite.

La vis qui sert de pivot à la manette M du commutateur doit être serrée à fond, dans le but d'assurer le maintien de la manette dans la position que l'employé lui assigne selon les besoins du travail.

DÉRANGEMENTS ÉLECTRIQUES.

Le réglage que nous venons de faire connaître nous donne les moyens nécessaires pour relever les dérangements mécaniques. Il existe d'autres dérangements appelés dérangements électriques sur lesquels il est bon de nous arrêter.

Les dérangements électriques sont ceux qui proviennent d'une mauvaise communication dans les divers circuits servant à la propagation des courants.

Nous n'établirons pas de méthode à suivre pour la recherche de ces dérangements, car nous ne ferions que répéter les méthodes employées pour tous les appareils en général. Nous nous bornerons à quelques conseils.

Nous engageons l'employé qui est chargé de la manœuvre des appareils, et que nous supposons bien au courant de ses communications, de bien se rendre compte de l'effet produit, avant d'en rechercher la cause. S'il connaît parfaitement les conditions que chaque organe doit remplir pour exécuter un travail régulier, il découvrira promptement la cause du dérangement.

Si le correspondant reçoit mal lorsqu'on transmet automatiquement, on doit s'assurer de l'état des divers circuits que parcourent les courants émis :

Voir si les fils extérieurs des bornes sont solidement serrés ;

S'assurer, en touchant avec deux doigts humectés de salive les deux bornes C et Z, si le courant de la pile arrive bien jusqu'au transmetteur ;

Vérifier les contacts du mécanisme de transmission et voir si les leviers de pile sont bien libres sur leurs points d'appui, et si la vis isolée est bien réglée.

Si la mauvaise réception du correspondant a lieu lorsqu'on transmet avec le manipulateur, il faut serrer les fils extérieurs des bornes de cet instrument et, au besoin, l'enlever pour vérifier les contacts.

Si au contraire on reçoit mal du correspondant, il faut passer en revue toutes les communications parcourues par les courants reçus ; c'est-à-dire les bornes L et LM du transmetteur, L et R du manipulateur et toutes celles du récepteur. Vérifier si la communication du levier brisé avec le bouton de contact sur lequel il s'appuie ne laisse rien à désirer.

Si, après cet examen, l'échange des transmissions se fait mal ou est impossible (nous supposons, bien entendu, la ligne dans de bonnes conditions), on vérifie alors, au moyen de fils volants, toutes les communications intérieures et extérieures, ainsi que les commutateurs.

ENTRETIEN DES APPAREILS

Les conditions de réglage étant connues, et les appareils remplissant d'une manière parfaite toutes ces conditions, il faut que cet état de choses se maintienne le plus longtemps possible. L'employé qui est chargé des appareils doit non-seulement les vérifier tous chaque matin, mais encore les entretenir dans un état de propreté irréprochable.

L'appareil Wheatstone est fort délicat, avons nous dit, et les fonctions d'un grand nombre de ses organes sont multiples : on comprend donc qu'au bout de très-peu de temps, des dérangements se produiraient, si l'on négligeait le nettoyage de chaque jour. Nous recommandons en outre de ne jamais démonter les appareils, à l'exception de quelques parties qui peuvent subir sans inconvénient l'action du tournevis et que nous allons faire connaître. Nous ne craignons pas d'affirmer que si l'appareil Wheatstone installé à Paris depuis plus de deux ans n'a jamais cessé de bien fonctionner, c'est grâce à l'état de propreté dans lequel il a toujours été maintenu, et surtout à l'absence du tournevis. C'est là un point capital sur lequel nous insistons et qui est facile à comprendre, puisque l'appareil rentre dans le domaine de l'horlogerie et ne doit être démonté que par des hommes compétents.

Nous allons passer en revue tous les appareils au point de vue de l'entretien et du nettoyage.

Perforateur.— Le perforateur est, de tous les appareils composant le système de M. Wheatstone, celui qui peut être démonté sans inconvénient; et, encore, faut-il faire une exception pour les poinçons dont le remontage présente quelques difficultés. Chaque matin, l'employé chargé de l'entretien des appareils doit vérifier le fonctionnement de tous les perforateurs en service, les régler et nettoyer ceux qui en ont besoin.

Tout le mécanisme servant à la progression peut être démonté : c'est par là même qu'il faut commencer. Voici la marche à suivre pour démonter le perforateur :

Enlever l'anneau qui relie le ressort antagoniste au levier de progression.

Dévisser le bloc sur lequel est fixé ce ressort.

Enlever successivement en dévissant les vis servant de points d'appui :

1° Le levier de progression, sans détacher le cliquet; 2° le levier à manchon; 3° la tige PP', en desserrant les vis qui fixent les colliers qu'elle traverse; 4° le bloc de la vis-butoir; 5° le levier V^7; 6° le support oblique du levier de dégagement et ce levier lui-même, en enlevant la petite vis qui l'articule avec la tige fixée au levier perforateur du signal trait; 7° le ressort du galet.

Enlever ensuite le chapeau vissé en avant des plaques H et H', puis la plaque H'. Mais en enlevant cette plaque, il faut avoir soin de ne pas déplacer la plaque

H qui, comme nous le savons, supporte seule en avant tous les poinçons; car on rencontrerait quelques difficultés pour la replacer.

On nettoie alors les deux plaques, ainsi que les lamelles qui les séparent; puis on les remet en place, sans toutefois serrer à fond les deux vis qui les fixent, afin d'enlever plus facilement la plaque Pa, Pa' portant la fourchette de la roue d'entraînement.

Dévisser les deux vis qui fixent cette plaque; puis, après avoir appliqué la pointe d'un tournevis sur la partie postérieure et gauche de cette plaque, donner un léger coup sur le manche du tournevis. La plaque se dégage aussitôt.

Là peut s'arrêter le démontage, c'est-à-dire que le nombre des pièces enlevées est suffisant pour le nettoyage. Tous les poinçons se trouvant découverts, on peut les nettoyer facilement, sans avoir besoin de les enlever. Toutefois, si l'on désirait procéder à un nettoyage plus complet, c'est-à-dire enlever ces poinçons, il suffirait d'enlever les plaques H et E qui les supportent en avant et en arrière. Pour les remonter, sans le secours d'aucun outil spécial, on replace la plaque postérieure E, avec tous les poinçons, les tiges t, t' et leurs ressorts, dans la position qu'ils occupaient, sans s'occuper de la plaque H. Au moyen des deux vis qui servent à fixer les deux plaques H et H', on serre la plaque H jusqu'à ce qu'elle vienne s'appliquer, mais sans aucune pression, contre l'extrémité antérieure des poinçons. Pour plus de commodité dans le remontage, on a soin de la placer obliquement, de façon que la partie supérieure soit un peu plus éloignée des poinçons que la partie inférieure. Cette obliquité permet de mettre les poinçons en place l'un après l'autre. On soulève ensuite la partie antérieure du perforateur que l'on appuie sur la paume de la main gauche, l'autre côté reposant sur la table; puis on place au-dessus des pistons les trois doigts index, majeur et annulaire. On appuie sur le piston du milieu qui fait avancer seul, comme nous le savons, le poinçon de gauche de l'étage du milieu. A l'aide d'une pointe de canif ou autre, on amène facilement ce poinçon en face de l'ouverture qu'il doit traverser, et dans laquelle il s'engage aussitôt. Sans que le majeur quitte le piston du milieu, on appuie légèrement sur le piston de gauche : deux poinçons se présentent, l'un à l'étage supérieur, l'autre à l'étage inférieur. En se servant encore de la pointe d'un canif, il est facile de leur faire traverser la plaque H. Mais, grâce à l'obliquité de la plaque, on pourra faire entrer les deux poinçons l'un après l'autre, le poinçon inférieur touchant le premier la plaque H. Enfin, maintenant les deux pistons point et blanc abaissés, on appuie avec l'index sur le piston de droite: deux nouveaux poinçons se présentent, l'un à l'étage du milieu et l'autre à l'étage inférieur. En agissant sur ces derniers comme sur les autres on leur fait facilement traverser la plaque H. On maintient les trois pistons abaissés, puis on serre à fond la plaque H. On retire ensuite les deux vis, puis on remet en place les deux lamelles et la plaque antérieure H'.

Toutes les pièces démontées ayant été nettoyées, on les rétablit dans l'ordre suivant:

1° Remettre la fourchette portant la roue d'entraînement, en ayant toujours soin de desserrer légèrement les deux vis des plaques H et H';

2° Serrer les plaques H et H' contre la plaque verticale CD;

3° Remettre le chapeau;

4° Remonter successivement et en suivant l'ordre inverse du démontage, les pièces servant à la progression du papier et les organes accessoires.

En rétablissant toutes ces pièces, il faut avoir soin de mettre un peu d'huile partout où il y a frottement pendant le jeu de l'instrument. On procède ensuite au réglage comme nous l'avons indiqué.

Nous ferons remarquer que dans les appareils Wheatstone, presque tous les ressorts-lames offrent une particularité dans leur construction. Leur extrémité fixe s'appuie sur son support par un seul point qui est le point d'intersection de deux plans inclinés (pl. II, *fig.* 8). Les vis de serrage sont engagées de chaque côté de ce point. Cette disposition présente de grands avantages. Un ressort-lame est toujours trempé: pour faire varier sa force, on est obligé de le marteler; car en se servant d'une pince, on s'expose à le rompre. Mais l'action du marteau détériore le ressort. Avec les deux plans inclinés, ces inconvénients disparaissent. Pour faire varier la force du ressort, on le fait basculer sur le sommet du plan incliné, en desserrant une vis et serrant l'autre, selon le cas. Mais avant de serrer une vis, il faut avoir soin de desserrer l'autre, sinon la tête de l'une des deux vis se briserait. Lorsque la tension désirée est obtenue, on a soin de s'assurer si les têtes des deux vis s'appliquent bien sur le ressort, précaution indispensable pour que la tension déterminée reste invariable.

Pneumatique. — Pour le nettoyage du pneumatique :

1° Enlever le tablier;

2° Dévisser les quatre vis latérales qui fixent la boîte en cuivre;

3° Enlever cette boîte avec beaucoup de précaution et bien verticalement, afin de ne pas briser les tiges qui portent les pistons-tiroirs;

4° Enlever la plaque fermant inférieurement la boîte en cuivre;

5° Nettoyer les trois pistons et les corps de pompe; huiler les languettes de cuir et, dans le cas où les pistons ne joueraient pas librement dans leur cylindre, marteler légèrement ces languettes avec le manche d'un tournevis; y remettre de l'huile. Replacer les pistons et leurs ressorts à boudin.

Remonter en suivant l'ordre inverse.

Transmetteur. — Le transmetteur est l'appareil qui demande le plus de soin et de propreté, puisqu'il produit les émissions de courant. Tous les jours il faut avec un pinceau sec enlever les débris de la perforation et la poussière qui seraient entrés dans la boîte contenant le mécanisme de transmission et nettoyer les fentes de la plate-forme dans lesquelles passent les aiguilles. Si l'on veut nettoyer à fond ces fentes, on enlève la plate-forme en dévissant les trois vis qui la fixent : passer ensuite du papier-émeri dans ces fentes et vérifier la mobilité de la plaque T. Replacer la plate-forme avec beaucoup de précaution, car tout choc donné aux aiguilles pourrait en casser les pivots.

En promenant le pinceau sur les leviers du mécanisme, il faut éviter de déplacer les ressorts à boudin sur les tiges où ils sont attachés. Faire pivoter les leviers pour s'assurer de leur bon fonctionnement; pousser légèrement à gauche avec une pointe quelconque, les deux aiguilles, puis les abandonner subitement à elles-mêmes, afin de vérifier l'action des ressorts à boudin chargés de les ramener sur les pointes des vis de réglage; nettoyer avec un pinceau sec ou un papier bien propre tous les contacts. On peut passer légèrement sur ces contacts le plat de la lame d'un canif; mais il faut éviter l'emploi du papier émeri qui use en polissant. Nettoyer les rouages et les axes avec un linge et maintenir toujours les mécanismes enfermés dans leurs boîtes vitrées.

Récepteur. — Nettoyer également les rouages et les axes du mouvement d'horlogerie avec un linge et replacer les glaces. Enlever le bassin, le vider tous les jours et l'essuyer ainsi que le disque encreur et la molette. Agir avec précaution sur la molette, afin de ne pas fausser l'axe et surtout le ressort qui le maintient engagé dans l'extrémité libre de son support. Essuyer toutes les pièces qui pourraient être tachées d'encre oléique et passer un pinceau sec sur tous les organes du mécanisme imprimeur situés sur la face antérieure de l'appareil pour enlever la poussière. Ne remplir le bassin qu'au moment de commencer le service.

L'encre oléique employée au Wheatstone doit être,

en raison des mouvements rapides de la molette, beaucoup plus liquide que l'encre oléique ordinaire. Si l'on n'a pas d'encre spéciale pour le Wheatstone, on ajoute de l'essence à l'encre oléique ordinaire, moitié encre, moitié essence.

Enlever le tiroir renfermant le rouet, le nettoyer et vérifier si le rouet tourne très-librement sur son axe, ainsi que les deux petits cylindres de bois.

Lorsque le bassin est rempli d'encre et le papier engagé entre les deux cylindres-laminoirs, vérifier le fonctionnement de la molette, au moyen de la manette occupant le centre de la plaque antérieure U.

Manipulateur. — Cet appareil étant fixé à demeure sur la table de manipulation ne donne lieu à aucun nettoyage spécial.

On vérifie ensuite la table de manipulation et l'on nettoie tous les instruments accessoires, galvanomètre, commutateurs, rhéostats, etc., ajoutés au système automatique. On s'assure de la pression des fils extérieurs de ces instruments dans leur bornes respectives et l'on veille avec soin à ce qu'aucun corps liquide, de l'huile par exemple, ne séjourne sur la table, là où les fils dénudés, s'il y en a, se trouvent rapprochés.

MANOEUVRE DES APPAREILS

Perforateur. — La perforation est un travail préparatoire que l'on fait subir aux dépêches avant de les livrer au transmetteur. Le papier que l'on emploie pour cette opération est d'une nature toute spéciale. Il est assez épais et a été trempé dans l'huile bouillante pour lui permettre de glisser plus facilement entre les plaques du perforateur. Cette préparation lui donne l'aspect du parchemin et préserve l'extrémité antérieure des poinçons de la rouille qui se produirait avec le papier ordinaire. Elle le rend plus cassant sous la pression des emporte-pièce et la perforation est d'une plus grande netteté.

Pour engager le papier entre les deux plaques, on le passe entre les biseaux de ces plaques, en ayant soin de rejeter en arrière, au moyen de la tige PP', les dents de la roue d'entraînement formant obstacle, comme nous le savons; puis on abandonne la tige PP'. Les dents de la roue d'entraînement viennent presser la bande; mais comme on n'a pas encore fait fonctionner les poinçons, les dents de la roue d'entraînement ne trouvent aucune perforation et déchirent la bande. Il faut alors, en frappant sur un piston quelconque, tirer légèrement la bande vers la gauche, jusqu'à ce que les dents engagées dans les trous de la ligne médiane fassent avancer la bande régulièrement. Il faut éviter de déchirer la bande à droite des plaques ou des deux côtés à la fois, car on s'exposerait à laisser entre ces plaques un bout de bande qu'on ne pourrait enlever qu'en démontant le chapeau et la plaque antérieure.

Les signaux reproduits par le système automatiqne sont les signaux Morse, composés de points, de traits et d'espaces blancs. Nous avons donc pour la perforation de ces signaux trois pistons, un pour le point, un second pour le blanc et un troisième pour le trait. Il nous reste alors à former, au moyen de ces trois pistons, les diverses combinaisons que nous connaissons et qui doivent permettre la reproduction des signaux Morse à la station correspondante. Nous avons deux moyens d'obtenir ce résultat :

1° La perforation au moyen des marteaux; 2° la perforation avec le pneumatique.

Dans le premier cas, on tient de chaque main un petit marteau tel que nous l'avons décrit, et l'on forme toutes les combinaisons requises en frappant sur les pistons un coup très-sec. Le coup donné sur le piston du trait doit être aussi sec que celui porté sur les deux autres pistons. On forme ainsi les lettres du système Morse, puis, en les rassemblant, on forme les mots. Chaque lettre doit être séparée par un blanc et chaque mot par deux blancs. La manière la plus commode de tenir le marteau est représentée par la *fig.* 3 (pl. IV), On doit autant que possible rapprocher les coudes du corps et combattre toute raideur dans les poignets. Le piston du blanc a été placé entre les deux autres, afin que les deux marteaux puissent l'atteindre plus facilement. Ainsi le piston du blanc doit toujours être frappé par la main restée libre pendant la perforation du dernier signal. Dans la lettre B, par exemple, la main occupée la dernière est la gauche : le blanc se fait alors avec la main droite. Dans la lettre O, la main occupée la dernière est la droite : le blanc se fait avec la gauche. Un employé jeune et montrant de bonnes dispositions peut, au bout de quinze jours d'exercice, perforer avec une vitesse suffisante pour faire le service ; et, avec le temps, acquérir une très-grande habileté.

Ce mode de perforation est fatigant, surtout pour l'employé d'un certain âge. C'est alors qu'on emploie l'appareil pneumatique que l'on fait manœuvrer avec trois doigts seulement, l'index pour la touche du point, le majeur pour celle du blanc et l'annulaire pour celle du trait. Quelques employés habitués déjà à la perforation avec le marteau se servent des deux mains pour le pneumatique et frappent les touches avec les deux index en suivant les règles établies pour la perforation avec le marteau.

Nous conseillons aux jeunes employés surtout d'apprendre d'abord la perforation avec le marteau ; car, avec le pneumatique, la perforation peut être interrompue par suite de variations ou de manque de pression, ou même d'un dérangement dans le pneumatique. Et si l'on n'a que la ressource de cet appareil, le service peut en souffrir. Ces inconvénients n'existent pas avec les marteaux : si un perforateur se dérange, on le change, et tout est dit.

Pour que deux employés puissent alimenter le transmetteur, il faut qu'ils soient de force à perforer de 25 à 30 dépêches à l'heure, tout en tenant leurs procès-verbaux.

Dans le pneumatique ancien modèle, il n'était pas facile d'engager les pistons du perforateur sous les pistons pneumatiques : l'espace était trop restreint. Dans les modèles perfectionnés par M. Aylmer, l'excentrique permet d'engager le perforateur sans aucune difficulté. Le perforateur reposant en avant sur l'excentrique, il suffit d'abaisser cet organe et, lorsque le perforateur est en place, de le relever pour bien appliquer les pistons perforateurs contre les bouchons des pistons pneumatiques.

Transmetteur et récepteur. — La manœuvre de ces appareils est confiée à un seul employé qui, avant de commencer toute transmission ou toute réception automatique, doit s'entendre, au moyen du manipulateur, avec son correspondant pour le réglage. Ce réglage consiste dans le nombre d'unités de résistance à intercaler pour la compensation et dans la détermination de la vitesse de déroulement du transmetteur, vitesse en rapport avec l'état de la ligne. Ces deux opérations sont exécutées par le poste qui transmet, mais sur les indications fournies par la station qui reçoit, elle seule pouvant, d'après sa réception, juger de l'état de la ligne.

Supposons deux stations en relation, Paris et Marseille, par exemple. Nous avons dit dans notre étude des courants de compensation que les bobines à intercaler devaient représenter en unités françaises ou dix fois plus en unités anglaises, le quart environ de la longueur de la ligne, avec l'ancien transmetteur; et la moitié environ, avec le transmetteur nouveau modèle. L'employé de Marseille, par exemple, intercale sa résistance en prenant cette moyenne; puis ouvre son transmetteur auquel il livre une bande perforée. L'employé de Paris tourne d'abord la vis de réglage du récepteur de façon à favoriser le plus possible l'action du courant positif, jusqu'à ce que les signaux collent; puis il tourne légèrement en sens contraire, pour faire disparaître les collages. Il fait ensuite augmenter la vitesse du transmetteur de son correspondant, jusqu'à ce que les points deviennent irréguliers. C'est alors qu'il doit observer les nuances provenant de la compensation et qui sont faciles à saisir, quand on a bien étudié et bien compris les effets produits par les courants compensateurs. Nous pouvons encore donner la règle générale suivante :

Le signal (point ou espace blanc), *qui suit un courant compensateur est toujours trop court, quand la compensation est trop forte; et trop long, quand elle est trop faible.*

Ne perdons pas de vue que nous considérons l'espace blanc comme un signal.

Il ne faut pas confondre le courant compensateur ou la compensation avec la résistance à intercaler. Pour diminuer une compensation trop forte, il faut augmenter la résistance; et, pour augmenter cette compensation, il faut diminuer la résistance (pl. XLII, *fig.* 1).

Lorsque la compensation est trop forte, le signal suivant, disons-nous, est raccourci. Prenons, par exemple, les lettres R et A séparées par un long espace blanc.

Nous avons en *a* un courant positif de compensation trop fort. L'armature est paresseuse, lorsque le courant négatif émis en *c* arrive dans les bobines, et le trait se prolonge au détriment de l'espace blanc. Quelquefois même l'espace blanc disparaît complétement. Nous avons en *b* un courant négatif de compensation trop fort : l'armature est paresseuse, lorsque le courant positif émis en *d* circule dans les bobines, et l'espace blanc se prolonge : le point tend à disparaître et très-souvent aussi il disparaît complétement.

Supposons la compensation trop faible : le signal suivant est allongé.

Prenons encore pour exemple les deux lettres R et A séparées par un long espace blanc.

Une émission de compensation trop faible a lieu en *a'*. Le courant négatif suivant produit sur les bobines une influence trop considérable; l'espace blanc empiète légèrement sur le trait et beaucoup sur le point qui tend à disparaître. Un courant négatif et compensateur trop faible est émis en *b'*. Le courant positif qui doit former le point suivant arrive trop fort dans les bobines et empiète légèrement sur le long espace blanc et beaucoup sur l'espace blanc suivant : le court espace blanc tend alors à disparaître; quelquefois même le point et le trait sont collés.

Remarquons qu'ici, comme dans le cas précédent, nous obtenons des collages et des manques de points ; mais les manques de points se produisent après un trait et les collages après un long espace blanc, précisément le contraire de ce qui se passait dans le premier cas.

L'employé de Paris doit alors examiner attentivement sa bande et faire augmenter ou diminuer la résistance de Marseille, selon le cas.

Si, après ces essais, la réception est toujours irrégulière, c'est que la vitesse du transmetteur est trop grande pour l'état de la ligne : il faut alors faire diminuer cette vitesse, mais très-légèrement à la fois, jusqu'à ce que la réception soit satisfaisante.

Vient ensuite le réglage de la réception à Marseille. Les deux correspondants répètent alors les mêmes opérations, mais en changeant les rôles.

Nous avons dit que la première chose à faire dans le réglage de la réception était de tourner la vis de réglage de la chaînette de sensibilité, de manière à favoriser le plus possible l'action du courant positif.

Nous avons vu que dans les appareils polarisés, on n'avait pas besoin de ressort antagoniste, puisque l'action d'un courant inverse le remplaçait. Mais il faut alors admettre que les courants alternés qui circulent dans les bobines ne subissent aucune variation. Sur les lignes de peu d'étendue, les variations sont légères; mais, sur les lignes de grand parcours, elles sont considérables. Les dérivations et les courants naturels, quelque faible que soit leur intensité, rompent toujours l'équilibre entre les deux influences exercées sur les bobines par les courants positifs et négatifs. C'est dans le but de rétablir cet équilibre que M. Wheatstone a introduit dans son récepteur le ressort de sensibilité. Il est facile de comprendre que si la tension de ce ressort s'exerce du côté opposé aux plaques polaires vers lesquelles l'armature est attirée sous l'action d'un courant positif, elle combattra cette action, et en même temps favorisera celle du courant négatif. Si la tension change de direction, l'inverse aura lieu. Si donc les dérivations ou les courants naturels sont de même sens que le courant positif émis, par exemple, leur action s'ajoutera à celle de ce courant et l'influence du positif sur les bobines sera plus grande que celle du courant négatif; c'est alors qu'il faudra tendre le ressort de façon à diminuer cette action, jusqu'à ce qu'elle soit égale à l'action du négatif, c'est-à-dire jusqu'à ce que l'équilibre soit rétabli. Si au contraire les courants naturels ou les dérivations changent de direction, la tension du ressort de sensibilité devra être l'inverse.

Ce ressort de sensibilité est d'une grande ressource dans l'appareil Wheatstone, car il permet de travailler même lorsque les dérivations ont une certaine intensité. Toutefois il ne faut pas que cette intensité surpasse celle de la source qui produit les courants émis ou reçus, car tout travail deviendrait impossible.

Nous citerons un cas qui s'est présenté dans la soirée du 30 mars 1876. Un grand nombre de fils du midi de la France, entre autres celui que l'appareil Wheatstone desservait, étaient parcourus par des courants continus. Nous avons remarqué que ces courants changeaient souvent de direction, au point de faire cesser complétement et tout d'un coup la réception. Nous sommes parvenu cependant à continuer le service pendant au moins une demi-heure, mais en ayant constamment la main sur la vis de réglage, et nous avons observé qu'au moment du changement de direction des courants, le réglage du disque variait de 40° au moins, ce qui est énorme et prouve que les courants naturels parcourant le fil avaient une force assez considérable.

Dans les expériences qui ont été faites de l'appareil Wheatstone entre Paris et Florence et entre Paris et Rome, les dérivations constatées sur les lignes étaient très-nombreuses et assez intenses, mais n'altéraient pas la réception : tout était affaire de réglage. Aussi l'employé qui dirige la manœuvre des apppareils doit-il sans cesse se préoccuper de ce réglage qui peut varier très-souvent.

Nous pouvons, en comparant cette vis de réglage à celle de l'appareil Morse, nous servir des deux mots *tendre* et *détendre;* car le sens de rotation de cette vis est le même dans les deux appareils, pour l'une ou pour l'autre opération. Dans le Morse, en effet, on détend le ressort antagoniste, lorsque les signaux sont affaiblis ou manquent; et on le tend, quand il y a collage. Dans le Wheatstone, lorsque les signaux manquent, on tourne la vis de réglage dans le même sens que celui correspondant à la détente dans le Morse; et, si les signaux collent, on tourne en sens inverse. Ainsi, détendre, c'est favoriser l'action du positif, en combattant celle du négatif; et, tendre, c'est favoriser l'action du négatif, en combattant celle du positif.

Manipulateur. — La manœuvre du manipulateur est absolument la même que celle du manipulateur de l'appareil Morse. Celle du commutateur a été suffisamment expliquée, pour ne pas y revenir.

ORGANISATION DU SERVICE

L'appareil Wheatstone en service sur le fil de Paris à Marseille est desservi, dans chaque station, par cinq employés : deux pour la perforation, deux pour la traduction et le cinquième pour la manœuvre des appareils.

La ligne de Paris à Marseille étant très-longue (863 kilom.), la vitesse de déroulement du transmetteur n'exige pas un personnel plus nombreux ; mais, si cette vitesse peut être augmentée à un moment donné, il faut un perforateur et un traducteur supplémentaires ; car le point essentiel est de ne jamais laisser le transmetteur attendre après la perforation.

Les dépêches sont transmises par séries de cinq, et chaque série porte un numéro d'ordre. Les séries de Paris portent les numéros impairs et celles de Marseille les numéros pairs. Elles sont renfermées dans des chemises portant leurs numéros d'ordre.

Chaque station transmet alternativement deux séries à la fois, si le récepteur n'est desservi que par deux traducteurs ; et, trois séries, s'il y a trois traducteurs ; c'est-à-dire que le nombre de séries échangées à la fois entre les deux postes est égal au nombre de traducteurs.

Toute série commence par le mot *série* suivi du numéro d'ordre, et se termine par les mots **5** *pds de série n°...*

Les séries renfermant des urgences portent en tête le mot *spéciale* et commencent ainsi : *série spéciale n°...* Cette indication est un avertissement pour l'employé qui dirige la manœuvre des appareils à la station correspondante, afin que ces séries soient traduites avant les autres.

Toute dépêche ayant plus de cent mots est comprise seule dans une série. Chaque série peut ne renfermer qu'une, deux, ou trois, ou quatre dépêches, selon le nombre de mots qu'elles contiennent ; et l'employé qui perfore est alors tenu de terminer sa série par l'indication du nombre de dépêches perforées.

Les chemises sont préparées à l'avance et chaque employé qui perfore en prend une dans laquelle il met les dépêches préparées. Il tient son procès-verbal sur lequel il porte, en face des cinq dépêches perforées, le numéro de la série à laquelle elles appartiennent. Il inscrit en outre sur l'original même les mots *Marseille Wheatstone* en abrégé, suivis du numéro de la série, puis signe, en laissant de la place pour l'heure de transmission portée plus tard par l'employé qui dirige les appareils. Il enroule sur une bobine la bande perforée et la donne à l'employé chargé des appareils, avec les dépêches renfermées dans la chemise.

Les bandes perforées ne sont pas conservées. Le transmetteur reproduisant exactement les signaux perforés : la bande reçue est suffisante pour le contrôle. Elle est enroulée sur un rouet, au fur et à mesure qu'on la traduit, et l'employé chargé de la traduction inscrit ses dépêches sur son procès-verbal et porte en face le numéro de la série à laquelle elles appartiennent. Il inscrit ensuite sur la dépêche même le numéro du fil en service et le numéro de la série dont elle fait partie. S'il a une rectification à demander, il passe la dépêche erronée à l'employé chargé de la manœuvre de l'appareil en lui indiquant le passage à rectifier. Si une série ne renferme pas le nombre de dépêches réglementaire, c'est-à-dire cinq, il a soin, tout en le mentionnant sur son procès-verbal, de prévenir l'employé de l'appareil qui en prend note et avertit son correspondant, si cette irrégularité n'est pas mentionnée à la fin de la série.

L'employé chargé de la manœuvre des appareils s'entend avec son correspondant pour le réglage, comme nous l'avons indiqué plus haut, règle la vitesse de transmission et doit toujours prendre la vitesse maximum, basée sur l'état de la ligne ; mais ne jamais se contenter d'une vitesse moyenne, sous prétexte que la réception est meilleure ou que le travail est insuffisant : ce serait mal comprendre l'utilité d'un appareil rapide et les services qu'il est appelé à rendre. Il livre au transmetteur les séries perforées, en se conformant toujours aux numéros d'ordre, et ne doit faire d'exception que pour les séries spéciales qui lui sont signalées par l'employé de la perforation. En engageant les séries sous le disque d'entraînement, il doit s'assurer que la bande n'est pas à l'envers et que les dents de la roue d'entraînement s'engagent bien dans les trous de la ligne médiane. Il inscrit sur son procès-verbal le numéro de la série qu'il vient d'engager et, à gauche de ce numéro, l'heure de transmission qu'il porte en même temps sur les dépêches de cette série. Lorsque les deux ou trois séries, selon le cas, sont transmises, il ferme son transmetteur, met le manipulateur sur position de transmission, donne à la main le signal final et ramène le manipulateur sur position de réception. Les bandes transmises sont gardées jusqu'à ce que l'accusé de réception soit donné par le correspondant après la traduction.

L'employé chargé de l'appareil attend ensuite la transmission de son correspondant, reçoit et distribue aux traducteurs les séries reçues. Il inscrit sur son procès-verbal les numéros de ces séries, et, à gauche des numéros, les heures d'arrivée.

Les heures d'accusés de réception donnés par l'une ou l'autre station sont alors portées à droite des numéros des séries qu'elles concernent.

L'employé de l'appareil est en outre chargé de faire les demandes de rectification et de répondre à celles qui lui ont été faites par son correspondant. Il est tenu de les perforer lui-même et ne doit, sous aucun prétexte, déranger les perforateurs ou les traducteurs de leur besogne. Il ne doit jamais laisser passer son tour de transmission sans donner les rectifications demandées ou à demander et, de préférence, les transmettre entre les deux séries, afin de donner à son correspondant, pour la perforation de la réponse, le temps que met à dérouler la seconde série. Les dépêches de départ qui ont donné lieu à une rectification sont remises aussitôt dans leurs chemises respectives, afin d'éviter le désordre ; et les dépêches d'arrivée sont gardées près de l'appareil, jusqu'à ce que les rectifications soient parvenues. On doit autant que possible ne rien transmettre à la main, mais au contraire perforer toutes les notes et même les accusés de réception. Les notes données avec le manipulateur occasionnent des pertes de temps. Le manipulateur ne doit servir que pour l'échange du signal final donné après chaque transmission, comme après chaque réception.

Lorsque le poste correspondant commence sa transmission, l'employé qui reçoit doit lire la bande à sa sortie du récepteur, pour saisir les notes s'il y en a. Il distribue alors aux traducteurs les notes qui les concernent, leur rend les dépêches rectifiées par ces notes et garde près de lui toutes les notes portant des demandes de rectification. Il ne doit quitter des yeux la bande que lorsqu'une série arrive. Il la donne au traducteur qui attend, ou la passe sous un presse-papier placé à sa portée, si les deux traducteurs sont occupés. Il revient ensuite aux demandes qui lui sont faites par le correspondant, cherche les dépêches à rectifier et s'arrange de façon que ses réponses soient perforées, lorsque le correspondant a fini de transmettre. De temps en temps il jette un coup d'œil sur la bande sortant du récepteur, pour la couper aussitôt après les mots 5 *pds* terminant chaque série. Il ne doit jamais se contenter, pour couper la bande, de voir la suite de points plus ou moins longue séparant chaque série. Il doit revoir la bande, jusqu'à ce qu'il trouve les mots 5 *pds ;* car entre ces mots et la suite de points pourrait se trouver une note qui, sans cette précaution, passerait inaperçue. C'est une chose qu'il faut avoir soin d'éviter, car toute demande de rectification qui n'est pas saisie au passage entraîne une nouvelle demande et par suite un retard pour la dépêche.

Les rectifications doivent être aussi claires que possible, afin d'être bien comprises, et porter en tête le mot *note* suivi du numéro de la dépêche erronée et du numéro de la série dans lequel se trouve cette dépêche. Si la rectification porte sur le nombre de mots, l'employé qui fait la demande répète lui-même les initiales des mots reçus, afin de faire voir du premier coup à son correspondant le passage à rectifier.

Le travail de l'employé qui tient les appareils est le plus important. S'il est bien entendu, il est doux et permet l'échange d'un grand nombre de transmissions; si, au contraire, il est mal entendu, il n'en résulte que de la confusion, du désordre et de grandes pertes de temps. Ce travail demande un employé actif et doué de sang-froid et de beaucoup de présence d'esprit. L'habitude ne fait pas le bon employé si, à une attention toujours soutenue, il ne joint pas ces qualités.

La perforation ne doit pas laisser chômer le transmetteur. Il faut au besoin ajouter un perforateur. Nous ferons la même observation pour la réception.

Les bandes reçues ne doivent pas attendre; et, dès que le récepteur est ouvert, il doit toujours se trouver un employé prêt à traduire. Le temps qui s'écoule entre le commencement de la première série reçue et la fin de la seconde transmise est suffisant pour la traduction de cinq dépêches.

Le total des transmissions effectuées dans la journée est échangé tous les soirs, à la clôture, entre les deux correspondants.

Si deux appareils Wheatstone sont en service entre les deux mêmes stations, il est indispensable de séparer complétement le travail des deux appareils. La seule chose commune est la corbeille dans laquelle sont déposées les dépêches à préparer et où viennent puiser tous les perforateurs. Chaque appareil a ses perforateurs et ses traducteurs. Les numéros de série sont les mêmes, c'est-à-dire impairs pour Paris et pairs pour Marseille. Mais chaque appareil prend alors une lettre indicative qui doit figurer au commencement et à la fin de chaque série, comme en tête de tous les procès-verbaux. L'un des appareils s'appelle A et l'autre B. Une série de l'appareil A, la cinquième par exemple, portera en tête l'indication *Série* 5 *A*, et à la fin : 5 *pds de Série* 5 ***A***. Une série de l'appareil B, la dixième par exemple, s'appellera *Série* 10 ***B***, et se terminera par les mots 5 *pds de Série* 10 ***B***.

En ne séparant pas le travail des deux appareils, on arrive bientôt à la confusion et au désordre. Transmettre constamment par un fil et recevoir par l'autre est encore une mauvaise chose ; car l'un des deux appareils est toujours plus favorisé que l'autre : il est rare en effet de trouver deux fils présentant les mêmes conditions.

Plusieurs essais de ce genre ont été faits entre Paris et Marseille et l'on a vite reconnu que le mode de correspondance le plus avantageux était la séparation complète des deux appareils.

Il est bon de faire remarquer que dans l'installation de l'appareil Wheatstone, il est indispensable de mettre les traducteurs à côté du récepteur et à la portée de l'employé qui dirige la manœuvre des appareils. Les perforateurs peuvent être près ou loin de l'appareil : cela est tout à fait secondaire. Une bande perforée enroulée sur une bobine est toujours facile à transporter, tandis que l'éloignement des traducteurs du récepteur nécessiterait l'emploi de corbeilles, pour transporter les bandes reçues d'un traducteur à l'autre : cause de désordre et souvent de pertes de bande, et enfin complication nouvelle dans le travail de l'employé chargé des appareils.

La lecture de la bande perforée est plus difficile que celle de la bande reçue. L'employé doit, malgré cela, se familiariser avec les diverses combinaisons de la perforation, car, tout en perforant, il doit suivre constamment des yeux sa bande et contrôler, pour ainsi dire, son travail. Aucune erreur de perforation ne doit passer inaperçue, car elle donnerait lieu à une rectification, et c'est ce qu'il faut éviter autant que possible.

Le traducteur ne doit pas oublier que la reproduction des signaux se fait automatiquement et que, par conséquent, les traits ne peuvent pas être plus longs les uns que les autres. S'il se trouve un trait allongé, il est certain qu'un point est collé avec ce trait, soit avant, soit après. Avant de faire rectifier, il doit essayer de deviner la lettre ainsi déformée. Il peut arriver encore qu'un point ou un trait manquent complétement sur la bande du récepteur et soient remplacés par un blanc. Cela provient de la perforation. Le piston blanc aura été frappé à la place du piston point ou du piston trait. Ou bien encore les poinçons ne perforent la bande qu'imparfaitement, ce qui arrête les aiguilles du transmetteur dans leur mouvement ascensionnel, empêche les oscillations du levier de compensation ou du levier inverseur, et, par conséquent, ne donne aucune émission sur la ligne. Remarquons qu'une perforation imparfaite peut aussi donner lieu à des collages de signaux : les signaux manquent, lorsque la ligne postérieure de la bande perforée est défectueuse ; et les signaux sont collés, lorsque la perforation de la ligne antérieure laisse à désirer. Avec de la bonne volonté et de la réflexion, on triomphe aisément de ces petites difficultés et l'on diminue le nombre des rectifications.

VITESSE DE TRANSMISSION
ET
RENDEMENT

En général, la vitesse de transmission d'un appareil dépend de la sensibilité du récepteur, de l'habileté de l'employé et de l'état électrique de la ligne. Dans le système automatique de M. Wheatstone, la nature même du récepteur en fait un appareil d'une grande sensibilité; de plus, le travail du perforateur étant entièrement séparé de celui du transmetteur, l'habileté de l'employé n'est pour rien dans la rapidité avec laquelle s'effectuent les transmissions. Les conditions électriques de la ligne déterminent seules la vitesse de transmission.

Nous avons suffisamment établi la distinction qui existe entre les appareils ordinaires et les appareils polarisés, comme celui de M. Wheatstone, et les explications données peuvent faire comprendre l'avantage résultant de l'emploi des courants alternés qui combattent avec succès les lenteurs de la décharge sur les lignes d'un grand parcours. Le nombre des émissions que l'on peut produire et utiliser à l'extrémité d'un long conducteur devient considérable avec ces courants alternés. A cela il faut ajouter encore l'emploi des courants compensateurs qui régularisent les signaux, en établissant un équilibre parfait entre les diverses influences exercées sur le récepteur.

Il nous serait difficile d'établir une moyenne du rendement du Wheastone en France, car, jusqu'ici, cet appareil n'a été utilisé que sur la plus longue et la plus difficile de nos lignes. Les résultats ont été cependant des plus satisfaisants et nous avons la certitude que sur une ligne plus facile, celle de Lyon par exemple, les résultats seraient bien plus brillants encore. Nous nous bornerons donc à faire connaître ce que l'appareil Wheatstone a pu produire sur la ligne de Paris à Marseille.

La vitesse de déroulement du transmetteur est réglée d'après une graduation de 20 à 120 mots anglais à la minute. Mais les mots anglais étant beaucoup plus courts que les mots français, on peut réduire d'un quart les chiffres gravés sur l'arc de cercle du régulateur, pour obtenir le nombre réel de mots français auxquels corrrespondent les chiffres anglais. On doit aussi établir une distinction entre le style courant et le style télégramme. Ainsi la vitesse maxima de déroulement 120 équivaut à environ 90 mots français de style courant et 75 à 80 de style télégramme.

Entre Paris et Marseille, la graduation du transmetteur varie, à Paris, entre 90 et 100 et, à Marseille, entre 75 et 85.

En tenant compte du préambule et des collationnements, une série de Paris est transmise en 3 minutes et une série de Marseille, en 3 minutes et demie. En ajoutant une minute à chaque changement de transmission, pour la mise en marche du transmetteur, les rectifications et les accusés de réception, on arrive à une moyenne de 80 dépêches à l'heure.

Le travail moyen de chaque employé perforant ou traduisant ne dépasse pas 25 dépêches à l'heure, à cause de la tenue du procès-verbal : ce qui donne, pour la perforation comme pour la traduction, 5 dépêches en 12 minutes.

Si l'on veut évaluer le temps écoulé entre le commencement de la perforation et la fin de la traduction, nous avons pour la perforation, 10 dépêches en 12'. Ajoutons à cela 6' pour la transmission et 12' pour la traduction, nous obtiendrons un total de 30 minutes. Mais de ce nombre on peut retrancher 2' sur la perforation de la seconde série transmise, car la transmission de la première série peut commencer avant la fin de la perforation de la seconde. On peut encore retrancher 2' sur la traduction, car l'employé qui traduit la seconde série peut commencer son travail avant que la série soit complétement reçue. Cela nous donne donc 26 minutes pour la perforation, la transmission et la traduction de 10 dépêches.

La composition préalable retarde forcément le passage des premières dépêches ; mais ce retard diminue sensiblement, à mesure que le service se prolonge. Ainsi, entre Paris et Marseille, le rendement est le suivant (nous supposons, bien entendu, la ligne dans de bonnes conditions relativement et une vitesse de 100 à Paris et de 85 à Marseille), en tenant compte de la différence de vitesse existant entre les deux transmetteurs et de la minute qu'il faut ajouter chaque fois que la transmission change de sens et pour les diverses communications de service à échanger, nous avons pour la première heure de travail, Paris commençant :

Au bout de	16′.	10	dépêches transmises.
»	16 + 7 ou 23′.	20	»
»	23 + 1 + 6 ou 30′.	30	»
»	30 + 1 + 7 ou 38′.	40	»
»	38 + 1 + 6 ou 45′.	50	»
»	45 + 1 + 7 ou 53′.	60	»
»	53 + 1 + 6 ou 60′.	70	»

Les douzes premières minutes, moins deux retranchées sur la perforation de la seconde série, ayant été consacrées à la perforation, notre première heure de travail ne nous donne que 70 dépêches. Continuons nos calculs pour voir le travail de la deuxième heure.

Au bout de	60′ nous avons.	70	dépêches transmises.
»	60 + 1 + 7 ou 68′ nous en aurons.	80	»
»	68 + 1 + 6 ou 75′.	90	»
»	75 + 1 + 7 ou 83′.	100	»
»	83 + 1 + 6 ou 90′.	110	»
»	90 + 1 + 7 ou 98′.	120	»
»	98 + 1 + 6 ou 105′.	130	»
»	105 + 1 + 7 ou 113′.	140	»
»	113 + 1 + 6 ou 120′.	150	»

Si de 150 transmissions échangées au bout de deux heures de travail, nous retranchons les 70 dépêches de la première heure, nous obtenons le nombre 80 pour la seconde.

Le temps perdu n'est donc que de 10 minutes pour la première heure et le travail de la seconde pourra se soutenir pendant toutes les heures suivantes.

Mais pour que le temps employé à la transmission ne dépasse pas 6 minutes pour Paris et 7 pour Marseille, il faut, comme nous l'avons dit, que la ligne soit dans les meilleures conditions possibles, pour un conducteur aussi long, et que les employés perforant soient d'une certaine force, évitant les erreurs et ne faisant pas plus de deux blancs entre chaque mot. Une erreur nécessite une série de points, et la répétition du mot erroné allonge la bande et, par conséquent, augmente le temps qu'elle met à dérouler sur le transmetteur. On comprend sans peine que si ces erreurs sont fréquentes, les retards qui en résultent occasionnent un temps perdu assez sensible.

Sur une ligne où la vitesse de déroulement des deux transmetteurs pourrait être maxima, la durée du passage de 10 dépêches ne serait que de 5 minutes, c'est-à-dire de 110 à 120 dépêches à l'heure. Si la vitesse de Marseille pouvait être la même que celle de Paris, le nombre 80 serait naturellement augmenté.

Ces résultats obtenus sur une ligne comme celle de Paris à Marseille sont magnifiques. Si la vitesse du transmetteur est constante, que la dépêche soit écrite en n'importe quelle langue ou quel chiffre, il faut tenir compte des difficultés que rencontrent les perforateurs et les traducteurs; car un grand nombre des dépêches échangées entre ces deux stations sont écrites en langue inconnue ou renferment beaucoup de chiffres, ce qui donne lieu à de longs et nombreux collationnements. Sur Lyon, les dépêches sont beaucoup plus faciles et les résultats qu'on obtiendrait avec l'appareil Wheatstone installé entre Paris et Lyon seraient remarquables.

En Angleterre, où le système automatique est employé sur une grande échelle, les circuits les plus longs sont desservis facilement et très-régulièrement. Entre Londres et Manchester, Londres et Liverpool, on échange facilement 120 dépêches à l'heure.

En 1874, des essais ont été faits en France sur des circuits plus étendus que le circuit direct de Paris à Marseille. La nuit, sur un circuit de Paris à Marseille passant par Bordeaux (1.300 kilom.), on a pu correspondre avec une vitesse de 100. Pendant le jour, alors que le fil est sous l'influence des fils voisins, la vitesse de déroulement a été beaucoup diminuée; elle n'a pas dépassé 75. La moyenne des transmissions était de 55 dépêches à l'heure.

Sur un circuit de Paris à Marseille passant par Lyon et Bordeaux (2.000 kilom.), on a pu encore correspondre pendant la nuit avec une vitesse de déroulement de 50.

Dernièrement, de nouvelles expériences ont été faites entre Paris et Florence et entre Paris et Rome.

Entre Paris et Florence, la vitesse était de 70 à 75 à Paris et de 60 à Florence. On a fait le service pendant trois jours. Mais il n'a pas été possible d'établir la moyenne de rendement, le nombre des dépêches étant trop restreint.

Entre Paris et Rome, la vitesse n'était plus que de 50 à Paris et 40 à Rome. La réception était très-belle.

Nous avons dit que la vitesse de Marseille était moindre que celle de Paris. On a pu remarquer que dans les divers essais qui ont été faits avec Florence et Rome, la vitesse de Paris était toujours plus grande que celle des autres postes. Cela tient à ce qu'une partie du circuit est souterraine. Nous trouvons l'explication de ce phénomène dans les annales télégraphiques de janvier-février 1876, qui publient les résultats des expériences faites en Angleterre par M. Culley.

— « Sur des circuits composés en partie de fils aériens et en partie de fils souterrains ou sous-marins, on trouve que la vitesse de transmission n'est pas toujours la même dans les deux sens et qu'elle dépend essentiellement da la position de la ligne souterraine ou sous-marine. Quand celle-ci est placée symétriquement par rapport aux deux lignes aériennes qui établissent la communication avec les stations, et que ces deux dernières ont la même résistance, il est clair qu'elles reçoivent également bien l'une de l'autre; mais si l'une des lignes est très-longue et l'autre très-courte, la station située à l'extrémité de la ligne aérienne la plus longue pourra recevoir avec une vitesse bien plus grande que celle située à l'extrémité de la ligne la plus courte. Ainsi, le circuit de Londres à Amsterdam se compose : d'une ligne aérienne de 210 kilomètres, d'un câble de 195 kilomètres et d'une ligne aérienne de 32 kilomètres en Hollande.

« La vitesse d'Amsterdam à Londres était à celle de Londres à Amsterdam dans le rapport de 9 à 6. Elle augmentait dans le sens de Londres à Amsterdam quand on remplaçait le fil aérien hollandais par un fil plus résistant, ou qu'on introduisait dans le circuit, à Amsterdam, une grande résistance artificielle (5.000 ohms) pour retarder la décharge du câble par cette extrémité; mais en transmettant d'Amsterdam à Londres, le fil le moins résistant donne les meilleurs résultats.

« Ainsi, la ligne qui sépare la pile du câble doit

avoir une résistance aussi faible que possible, la pile elle-même devant être aussi très-peu résistante; tandis que celle qui sépare le câble du récepteur doit avoir une grande résistance.

« Les fils aériens ayant une capacité électrique très-petite par rapport à celle du câble, c'est la charge du câble qui constitue la presque totalité de la charge de la ligne; si le câble est situé près de la pile et éloigné du récepteur, il sera à un potentiel élevé, et par suite il prendra une charge considérable; c'est l'écoulement de cette charge par le récepteur ou les pertes pendant le trait ou les intervalles longs qui constitue surtout les déformations des lettres; l'insertion d'une grande résistance entre la ligne et le récepteur empêchera une décharge trop rapide du câble à travers le récepteur dans l'intervalle des courants, tendra donc à maintenir la ligne dans les mêmes conditions électriques pendant la formation des points, traits et intervalles, et diminuera par suite la cause de déformation tenant à l'irrégularité des intervalles entre les émissions des courants.

« Il n'en sera plus de même si le câble se trouve, au contraire, très-rapproché de l'extrémité qui reçoit et séparé de la pile par une ligne aérienne d'une certaine longueur; la charge du câble se trouve alors bien moins considérable, car le courant ne lui arrive plus qu'affaibli par les pertes de la ligne, et, d'autre part, le potentiel de ses divers points est bien diminué par son éloignement de la pile. Le potentiel, à l'origine de la ligne, est donc loin d'avoir la constance qu'il avait dans le cas précédent. Ainsi le circuit de Londres à

Dublin se compose d'une ligne aérienne de 428 kilomètres, d'un câble de 106 kilomètres et d'une ligne aérienne de 16 kilomètres. La vitesse de Londres à Dublin (40 mots par minute) n'était que la moitié de celle de Dublin à Londres (80) ; et l'addition, dans le premier sens, d'une résistance à Dublin, n'avait plus alors d'effet appréciable. »

Ce dernier cas est précisément celui que nous offre le circuit de Paris à Marseille; et même la ligne aérienne n'existe pas entre le câble et le récepteur, puisque la ligne est souterraine depuis Juvisy jusqu'au poste central (24 kilom.). L'addition d'une résistance à l'entrée du récepteur de Paris est donc sans effet. Nous en avons acquis la certitude dans les expériences faites entre Paris et Florence. La vitesse de Paris était de 75 et celle de Florence 50. Nous avons placé un rhéostat à l'entrée de notre récepteur, dans le but de faire augmenter la vitesse de Florence. Mais, sans augmentation de vitesse, l'addition de la plus petite résistance dénaturait complétement les signaux.

Les expériences de M. Culley nous donnent donc suffisamment l'explication de la différence de vitesse sur le circuit de Paris à Marseille. Des essais ont été faits sur un circuit aérien de Paris à Marseille. La vitesse de Marseille est devenue aussitôt la même que celle de Paris : ce qui confirme les résultats obtenus par M. Culley dans ses expériences.

Si l'on veut se rendre compte du nombre des émissions produites par le transmetteur automatique en une minute ou même une seconde, sur le circuit de Paris à Marseille, un simple calcul nous le donnera.

Une dépêche contient en moyenne, préambule et collationnement compris, 26 mots. Un mot se compose en moyenne de 6 lettres et nous pouvons prendre comme lettre moyenne, la lettre R (– —— –) pour la formation de laquelle 8 émissions ont lieu sur la ligne. (+ − + + + − + −)

Si donc une lettre donne lieu à 8 émissions,

6 lettres, ou un mot, exigeront 8×6, ou 48 émissions,

Et 26 mots, ou une dépêche, 48×26, ou 1.248 émissions.

Avec une vitesse moyenne de 80 dépêches à l'heure, nous avons compris toutes les demandes de rectifications et les accusés de réception qui, s'ils n'existaient pas, permettraient de transmettre environ 10 dépêches en plus, ou 90 à l'heure. Dans le calcul des émissions, prenons donc la moyenne de 90 dépêches à l'heure.

Si une dépêche donne lieu à 1.248 émissions,

90 dépêches donneront 1.248×90 ou 112.320.

Si le transmetteur nous donne 112.320 émissions à l'heure,

Nous en aurons 112.320 : 60 ou 1.872 à la minute,

Et 1.872 : 60 ou 31,2 à la seconde.

Chiffre qui nous donne une idée de la grande sensibilité du récepteur et du chef-d'œuvre de mécanisme et de précision, le transmetteur.

AVANTAGES DU SYSTÈME AUTOMATIQUE.

Les avantages que présente le système automatique sont nombreux.

Nous avons d'abord l'emploi des courants alternés qui permettent d'augmenter la sensibilité du récepteur, puis l'emploi des courants de compensation qui régularisent les signaux et ramènent la transmission à des émissions d'égale durée et produites à intervalles égaux. La lecture devient plus facile et plus rapide. De plus les courants de compensation, en régularisant les phénomènes de charge et de décharge, accélèrent les transmissions sur les grandes lignes.

La composition préalable a ses inconvénients, il est vrai, car elle exige un personnel nombreux et une organisation particulière du service ; mais elle laisse l'employé livré à lui-même et libre de prendre l'allure qui lui convient.

La séparation du travail du perforateur de celui du transmetteur favorise la rapidité des transmissions, puisque la vitesse avec laquelle les dépêches sont transmises n'est limitée que par les conditions électriques de la ligne, ce que l'on ne pourrait évidemment obtenir avec la transmission manuelle. Avec la manipulation ordinaire, il faut, pour utiliser convenablement la ligne, que l'employé soit habile. Il pourra mettre à profit son habileté, si la dépêche est écrite en langue qui lui est familière, mais si elle est écrite en langue inconnue ou en chiffres, il devra procéder avec beaucoup plus de lenteur et de prudence. Avec la composition préalable, la vitesse de transmission est la même, que la dépêche soit écrite en n'importe quelle langue.

La bande perforée peut être soumise à un correcteur, avant la mise en transmission. On obtient ainsi une garantie d'exactitude que ne peut fournir le système de transmission manuelle.

Un autre avantage que possède le système automatique, c'est que la même bande perforée peut servir pour plusieurs transmetteurs successivement ou simultanément, s'il s'agit, par exemple, de circulaires ou de dépêches de presse.

La même bande peut donc servir plusieurs fois. Si des séries ont été mal reçues par le correspondant et si leur répétition est nécessaire, il n'est pas utile de les reperforer ; on transmet de nouveau la première bande.

L'avantage du système automatique pour les dépêches circulaires ou les dépêches de la presse est qu'un seul préparateur peut composer d'un seul coup une bande en plusieurs expéditions. Le même appareil peut perforer deux ou trois bandes à la fois. On se sert alors de l'air comprimé et l'on donne plus d'épaisseur aux lames qui séparent les plaques H et H' du perforateur.

Quelle que soit l'habileté d'un employé, le travail au Morse ou au Hughes est bien inférieur comme rendement au procédé automatique. Le travail produit par l'appareil Wheatstone sur des distances moyennes est six fois plus grand que celui fourni par le Morse et deux fois plus grand que celui fourni par le Hughes. Pour des distances considérables, la vitesse est diminuée et cependant l'appareil Wheatstone fait le travail de cinq Morses au moins et de plus de deux Hughes. Sur le circuit de Paris à Marseille, un Hughes a bien travaillé quand il a produit 30 dépêches à l'heure ; le Wheatstone en donne 80. On lui reproche bien le personnel nombreux qui lui est indispensable ; mais pour faire 80 dépêches à l'heure au Wheatstone, cinq employés suffisent. Deux Hughes, c'est-à-dire quatre employés n'en feront que 60 ou 65 au plus : il faudra donc un cinquième employé pour atteindre le nombre 80, c'est-à-dire un troisième fil. Un seul fil faisant le travail de trois, c'est là certainement un avantage immense et une grande économie.

Enfin un autre avantage encore à signaler est l'absence du synchronisme qui est pour les autres appareils à grande vitesse une source de difficultés, et rend souvent la correspondance impossible, si les appareils ne sont pas en bon état.

A côté des avantages, nous devons signaler les inconvénients. Nous avons déjà parlé de la composition préalable qui occasionne un retard dans l'échange des premières séries.

Il faut ajouter que la traduction de la dépêche reçue prenant plus de temps que la transmission, les accusés de réception et rectifications sont forcément retardés.

Enfin, pendant la transmission, le poste expéditeur ne peut être coupé par son correspondant, puisque son récepteur est hors du circuit. Mais l'expérience a prouvé que cet inconvénient n'est pas grave.

Si l'on considère d'un côté les avantages que présente le système automatique, et de l'autre ses inconvénients, on arrive à en conclure que ce système est une création merveilleuse et bien digne de l'homme célèbre à qui nous la devons.

WHEATSTONE DUPLEX

Il existe deux méthodes de transmission simultanée en sens opposé : la *Méthode du Pont de Wheatstone* et la *Méthode différentielle.*

La première a été appliquée avec succès à l'appareil Hughes, sur les fils de Paris au Havre et de Paris à Lille, par M. Stearns.

La seconde employée par M. Wheatstone tire son nom de la bobine utilisée dans ce mode de transmission. Cette bobine a été appelée différentielle, parce que son armature ne fonctionne que sous l'action de la différence des deux courants traversant les circuits enroulés sur son noyau.

Elle se compose d'un barreau de fer doux sur lequel sont enroulés, en sens opposé, deux fils de cuivre de même section, de même longueur et par conséquent de même résistance (pl. XLIII, *fig.* 1). L'une des extrémités d'un circuit (1) (*fig.* 2) est reliée à une extrémité (2) de l'autre, entre la pile et la bobine ; les deux autres bouts restés libres (3 et 4) sont reliés, l'un (3) au fil de ligne, et l'autre (4) à une ligne artificielle formée au moyen d'un rhéostat (R*h*) dont le fil de sortie communique avec la terre.

Soient N (*fig.* 2) le noyau de la bobine et les deux circuits 1-3 et 2-4 enroulés en sens opposé sur ce noyau. La réunion des extrémités 1 et 2 nous donne entre la bobine et la pile un point de bifurcation en *d*.

Donnons à notre ligne artificielle, au moyen du rhéostat, une résistance égale à celle de la ligne. Un courant venant de la pile et arrivant au point *d* trouve deux circuits d'égale résistance. Il se divise donc en deux parties égales. Soit 20 l'intensité de ce courant au départ de la pile : dix parties traverseront le circuit 1-3, et 10, le circuit 2-4. Le fait n'est pas exact en pratique, car si les deux résistances sont égales, les deux courants émis sur chaque circuit sont bien égaux ; mais chacun est plus de la moitié du courant total. Pour faciliter nos explications, nous admettrons cette hypothèse, que dix parties de courant parcourent chaque circuit. Les deux courants égaux circulant ensemble, mais en sens opposé, autour du noyau de la bobine, le premier dans le sens de la flèche *f*, et le second dans le sens de la flèche *f'*, n'ont aucune action sur le noyau, car leurs effets se neutralisent. La bobine n'étant pas influencée, l'armature n'est pas attirée.

Supposons deux stations A et B en relation (pl. XLIII, *fig.* 3), et possédant une installation semblable et un réglage du rhéostat également en rapport avec la résistance de la ligne aux deux stations, y compris le récepteur ; et admettons qu'aucun courant n'est émis par la station B. Alors les dix parties qui circulent dans le circuit 1-3 de la station A traversent le circuit 3-1 de la station B. Au point *d'*, ce courant trouve le chemin de la pile interrompu : il traverse alors le second circuit 2-4 et se perd à la terre, à travers le rhéostat. Il circule deux fois autour du noyau de la bobine de la station B, mais toujours dans le même sens. L'action du circuit 2-4 s'ajoute à celle du circuit

3-1. Si le courant circule deux fois autour du noyau, il ne faut par perdre de vue que la résistance de la ligne a été doublée par l'addition du rhéostat. Par conséquent, l'influence exercée sur le noyau par le double passage du courant est atténuée par l'addition du rhéostat et l'armature fonctionne sous l'action d'une force égale à celle développée par le passage d'un courant qui ne traverserait que le circuit 3-1, c'est-à-dire 10. Le récepteur de la station B fonctionne donc seul sous l'influence du courant émis par la station A.

Si la station B envoyait à son tour un courant dans les même conditions, l'armature du récepteur A fonctionnerait seule et celle du récepteur B resterait au repos.

Mais supposons que les deux stations travaillent en même temps : d'autres phénomènes se présentent. Ils reposent sur les principes suivants :

1° — *Deux courants de même sens s'ajoutent ;* (π)

2° — *Deux courants de sens inverse se neutralisent.* (ω)

C'est-à-dire :

1° Deux courants de nom contraire émis simultanément aux deux extrémités d'un fil télégraphique sont de même sens et s'ajoutent.

2° Deux courants de même nom émis dans les mêmes conditions sont de sens inverse et se détruisent.

Dans le système automatique de M. Wheatstone, chaque station emploie les deux pôles. Plusieurs cas peuvent alors se présenter :

Soient deux stations, Paris et Marseille, par exemple, installées en Duplex, il peut arriver que

1° Paris transmette seul,

2° Marseille transmette seul,

3° Paris et Marseille transmettent simultanément.

Dans les deux premiers cas, ce qui se passe sur la ligne et dans les bobines est exactement ce que nous avons exposé ci-dessus (pl. XLIII, *fig.* 3), c'est-à-dire qu'une seule armature fonctionne, celle du récepteur qui reçoit les émissions de courant ; tandis que celle du récepteur de la station qui transmet reste au repos. Si Paris (A) transmet seul, le circuit s'établit par la ligne, le fil 3-1, le point *d'*, le fil 2-4, le rhéostat et la terre. Si Marseille transmet seul (B), le circuit s'établit par la ligne, le fil 3-1, le point de bifurcation *d*, le fil 2-4, le rhéostat et la terre. Chaque récepteur fonctionne donc sous l'action d'une force de courant égale à 10.

Dans le 3e cas, il peut se faire que :

1° Paris envoie un positif et Marseille un négatif ;

2° Paris envoie un négatif et Marseille un positif ;

3° Paris et Marseille envoient un positif ;

4° Paris et Marseille envoient un négatif.

1er CAS : *Paris envoie un positif et Marseille un négatif.* — Supposons toujours que l'intensité du courant de chaque pile soit égale à 20 ; et il est indispensable que les deux piles soient égales, car nous avons un équilibre de courants à établir sur des circuits d'égale résistance.

Au point *d* (pl. XLIII, *fig.* 4), le courant de Paris se bifurque : dix parties passent par le circuit 1-3 et vont sur la ligne, et dix parties traversent le circuit 2-4 et le rhéostat.

Au point *d'*, le courant négatif de Marseille se divise en deux parties égales : dix suivent le circuit 1-3 et la ligne, et dix traversent le circuit 2-4 et le rhéostat.

Mais les dix parties positives de Paris et les dix parties négatives de Marseille émises en même temps se rencontrent et, d'après le principe (π) énoncé plus haut, s'ajoutent. L'intensité du courant circulant dans les fils 1-3 à chaque station et sur la ligne devient donc 20.

A Paris, le courant traversant le circuit 1-3 étant égal à 20, par suite de l'addition des deux courants émis par les deux stations, tandis que le courant circulant dans le fil 2-4 n'est égal qu'à 10, le récepteur est affecté et l'armature attirée par une force égale à 20 — 10, c'est-à-dire 10.

De même à Marseille, le courant parcourant le circuit 1-3 a pour intensité 20, tandis que celui traversant le circuit 2-4 n'a qu'une intensité 10. L'armature du récepteur est donc attirée par une force égale à 20 — 10, c'est-à-dire 10.

2e CAS : *Paris envoie un négatif et Marseille un positif.* — Ce qui se passe dans ce cas est identique à ce que nous avons constaté dans le cas précédent. Les deux courants émis sur la ligne (pl. XLIII, *fig.* 5) s'ajoutent encore et les deux armatures sont attirées sous l'action d'un courant 20 — 10 = 10.

3e CAS : *Paris et Marseille envoient un positif.* — Au point *d* (pl. XLIV, *fig.* 1), le courant positif de Paris se bifurque ; dix parties suivent le circuit 1-3 et la ligne et les dix autres traversent le circuit 2-4 et le rhéostat. Au point *d'* le courant positif de Marseille se divise également en deux parties égales, dix sur la ligne, par le circuit 1-3 ; et dix à travers le rhéostat, par le circuit 2-4. D'apres le principe énoncé plus haut (ω), ces deux courants de sens inverse se détruisent. Aucun courant ne circulant sur la ligne, les circuits 1-3 de chaque station ne sont pas affectés. Mais n'oublions pas que les deux lignes factices sont parcourues par des courants négatifs d'intensité 10. Ce sont ces deux courants qui agissent alors sur les noyaux et produisent le fonctionnement de l'armature. C'est donc le courant d'une station qui, dans ce cas, fait fonctionner son propre récepteur, comme si le courant venait de la station correspondante.

4e CAS : *Paris et Marseille envoient un négatif.* — Le résultat est le même que dans le cas précédent et les deux récepteurs fonctionnent sous l'action des courants circulant dans les cadres 2-4 (pl. XLIV, *fig.* 2) et les lignes factices, tandis que les circuits 1-3 reçoivent chacun un courant dont l'action est nulle.

Remarquons que, dans tous les cas, l'armature fonctionne toujours sous l'action d'un courant égal à 10. Nous obtiendrons donc un équilibre de courants à peu près parfait; mais il faut, pour arriver à ce résultat, que les piles soient de même force, et que, dans chaque station, la résistance de la ligne factice soit égale à la résistance de la ligne, plus la résistance des bobines du récepteur.

L'application au système automatique de la transmission simultanée en sens opposé n'exige que très-peu de modifications dans les appareils installés pour la transmission simple.

Le transmetteur nouveau modèle peut seul être utilisé. La mise de la ligne à la terre dans le transmetteur ancien modèle est un obstacle à toute transmission simultanée. L'avantage de la transformation subie par le transmetteur est que ce nouvel appareil peut servir en simple comme en duplex, sans qu'on apporte aucune modification dans sa construction.

Les bobines du récepteur sont évidemment remplacées par les bobines différentielles dont nous avons donné la description. Mais une heureuse combinaison nous a donné des récepteurs pouvant fonctionner en simple comme en duplex. Les deux fils (pl. XLII, *fig.* 2) sont voisins dans toute leur longueur et enroulés dans le même sens et en même temps sur les deux bobines. La façon de relier leurs extrémités libres permet, comme nous allons le voir bientôt, de recevoir en simple comme en duplex. Cela nous amène à étudier les communications intérieures et extérieures.

COMMUNICATIONS INTÉRIEURES.

Transmetteur et manipulateur. — Aucune modification n'est apportée dans ces deux appareils.

Récepteur. — Le récepteur seul a subi quelques changements dans ses communications intérieures. Aux quatre bornes que nous connaissons déjà, la borne L (pl. XLII, *fig.* 3) reliée au pivot de la manette; la borne S′, en communication avec la plaque de contact S; la borne S″ reliée à la borne T, et la borne T au fil de sortie des bobines, ont été ajoutées trois autres bornes extérieures placées au-dessus des quatre connues; ce sont: les bornes L′, T*r* et R*h* (*fig.* 4). La borne L′ est reliée d'un côté à la plaque de contact A du commutateur, et de l'autre au circuit 1 de la bobine de gauche (*fig*. 2). La borne T*r* est reliée d'un côté au circuit 4 de la bobine de gauche, et de l'autre au circuit 3 de la bobine de droite. La borne R*h* est en communication avec la borne T à laquelle est reliée le circuit 2 de la bobine de droite. Enfin, inférieurement, sont reliés les circuits 1 et 3 et les circuits 2 et 4.

COMMUNICATIONS EXTÉRIEURES.

Nous ne donnerons ici que les communications extérieures indispensables pour l'installation en duplex, comme nous l'avons fait pour l'installation simple, nous réservant pour plus tard la description des deux installations réunies.

Transmetteur.— Aucune modification dans les communications extérieures des bornes C, Z, LM, T, ZM, et CM (pl. XLVII, *fig*. 2). Les deux bornes R sont réunies, c'est-à-dire que la caisse de résistance est supprimée. La borne L communique, non pas avec la ligne directement, mais avec la borne T*r* du récepteur.

Manipulateur. —Rien de changé dans les communications extérieures des bornes C, Z, L et T. La borne R seule est supprimée.

Récepteur. —La borne L' communique avec la ligne directement; la borne T*r*, avec la borne L du transmetteur; et enfin la borne R*h*, avec le rhéostat.

MARCHE DES COURANTS.

Dans la transmission simple, les courants venant de la ligne arrivent à la borne L du récepteur. Ils se rendent au pivot de la manette, à la plaque de contact A et arrivent à la borne L'. Ils traversent ensuite les circuits 1-3, reviennent à la borne Tr, parcourent les circuits 4-2 et se rendent à la terre par la borne T. Ces courants circulent donc deux fois autour des noyaux des bobines, mais dans le même sens sur chaque noyau, et les deux actions exercées sur les noyaux étant instantanées, l'effet produit est absolument le même que dans les bobines simples. La loi d'Ampère donne le moyen de s'en assurer.

Dans la transmission simultanée en sens opposé, si les figures théoriques présentées plus haut ont été bien comprises, il est facile de se rendre compte de la marche des courants dans ces bobines.

Tous les courants venant de la pile, sortent du transmetteur par la borne L et arrivent dans le récepteur à la borne Tr que l'on peut appeler borne de bifurcation. Les courants venant de la ligne entrent dans les bobines par la borne L'.

Examinons séparément les quatre cas mentionnés plus haut, non pas d'après les figures théoriques, mais sur les bobines elles-mêmes. Nous indiquerons la marche de tous les courants et les pôles présentés par les plaques polaires aux armatures, sous l'influence de ces courants. Mais, pour en faciliter l'étude, faisons des deux bobines représentées par la *fig.* 2 (pl. XLII), quatre bobines séparées (*fig.* 5). Sur les bobines de la *fig.* 2, nous avons quatre circuits : deux, 1 et 3, que nous pouvons appeler circuits inférieurs, par rapport aux deux autres, 4 et 2, que nous désignerons sous le nom de circuits supérieurs. Séparons complétement sur les noyaux les circuits inférieurs des circuits supérieurs. Au point de vue des actions magnétiques produites par le passage des courants, les résultats seront identiques; mais nous pourrons plus facilement suivre la marche de ces courants. Nous aurons alors des bobines telles que les représente la *fig.* 5, c'est-à-dire deux bobines supérieures formées des enroulements 4 et 2, et deux bobines inférieures portant les circuits 1 et 3. Dans la transmission simple, le courant arrivant à la borne L′ circule dans la bobine inférieure de gauche, puis dans la bobine inférieure de droite, et se rend à la borne T*r*. De là, il suit l'enroulement de la bobine supérieure de gauche, traverse la bobine supérieure de droite et se rend à la terre par la borne R*h*. Le sens du courant autour des deux noyaux est donc le même que celui de la *fig.* 2.

Examinons maintenant ce qui se passe dans la transmission simultanée. Rappelons-nous que l'armature supérieure présente aux plaques polaires un pôle boréal, et l'armature inférieure un pôle austral; et que tous les courants vont du positif au négatif.

1er CAS : *Paris envoie un positif et Marseille un négatif.* — Le signal qui va se former dans le récepteur de Paris est déterminé évidemment par la nature du courant émis par Marseille. Si Marseille envoie un positif, nous devons avoir un signal marquant sur notre bande; si au contraire l'émission de Marseille est négative, nous devons avoir un espace blanc. Dans le cas présent, l'émission de Marseille étant négative, le récepteur de Paris ne doit rien imprimer sur la bande; l'armature doit être attirée à droite sous l'action d'un pôle austral en A′, A″ (pl. XLV, *fig.* 1) et d'un pôle boréal en B′ et B″.

A la borne Tr, le courant de Paris se divise en deux parties égales : dix parties positives traversent les bobines supérieures dans le sens des flèches c, c', c'', et vont se perdre à la terre, à travers le rhéostat. Ce courant tend à former deux pôles australs en a et a' et deux boréals en b et b' ; c'est-à-dire à attirer l'armature à gauche. Les dix autres parties positives traversent, suivant les flèches e, e', e'', e''', les bobines inférieures et la ligne ; mais elles rencontrent les 10 parties négatives émises par Marseille. Ces deux courants s'ajoutent pour n'en former qu'un seul dont l'intensité est 20. Le sens du courant dans les bobines inférieures nous donne deux pôles australs en A', A'' et deux pôles boréals en B' et B'', et comme ce courant a pour intensité 20, tandis que celui qui circule dans les bobines supérieures n'a qu'une intensité 10, l'action de ce dernier courant circulant en sens inverse autour des noyaux des bobines est détruite par l'influence prépondérante du courant circulant dans les bobines inférieures, et les pôles formés dans les plaques polaires et agissant sur l'armature sont donc ceux que détermine ce dernier courant. L'armature de Paris est portée à droite, et aucun signal n'est imprimé sur la bande du récepteur.

2e CAS : *Paris envoie un négatif et Marseille un positif.* — Le signal que doit présenter la bande de Paris est un signal marquant correspondant à l'émission positive de Marseille; par conséquent, l'armature doit être portée à gauche, et les pôles doivent être deux boréals en B' et B'' (pl. XLV, *fig.* 2) et deux australs en A' et A''. Le courant de Paris se bifurque, pour ainsi dire, à la borne *Tr*. Dix parties négatives circulent dans les bobines supérieures et le rhéostat, selon le sens des flèches c, c', c'', c''', et tendent à déterminer deux australs en a, a' et deux boréals en b, b', le contraire de ce qu'il faut pour la formation du signal marquant. Mais dix parties négatives circulent également dans les bobines supérieures, et avec l'addition de dix parties positives émises par Marseille. Ce courant dont l'intensité est 20 traverse les bobines inférieures, dans le sens des flèches e, e', e'', e''', e^{IV}, annule l'action du courant négatif circulant dans les bobines supérieures, dont l'intensité n'est que de 10, et détermine dans les plaques polaires la formation de deux australs en A′ et A″ et de deux boréals en B′ et B″. L'armature est attirée à gauche et le récepteur imprime.

3ᵉ CAS : *Paris et Marseille envoient un positif.* — Le signal correspondant à l'émission positive de Marseille est un signal marquant : par conséquent, l'armature de Paris doit être attirée à gauche, sous l'action des pôles australs et boréals qui vont se produire en A′, A″ et B′, B″ (pl. XLV, *fig.* 3). Le courant de Paris se bifurque en *Tr* ; dix parties positives circulent dans les bobines supérieures, suivant les flèches c, c', c'', c''', et se perdent à la terre après avoir traversé le rhéostat. Ce courant produit deux pôles australs en A′ et A″ et deux pôles boréals en B′ et B″, précisément ce qu'il faut pour porter l'armature à gauche. Mais cette action ne sera-t-elle pas contrariée par les dix parties positives circulant dans les bobines inférieures ? Non ; car ces dix parties positives ayant rencontré les dix positives de Marseille, aucun courant ne parcourt le circuit inférieur. Par conséquent, l'action du courant traversant le circuit supérieur influence seule l'armature qui est attirée à gauche et produit le signal marquant désiré.

4e CAS : *Paris et Marseille envoient un négatif.* — La bande du récepteur ne doit porter aucun signal, puisque l'émission de Marseille est négative : l'armature sera donc portée à droite. Le courant de Paris se bifurque en Tr et dix parties négatives traversant le rhéostat et les bobines supérieures dans le sens des flèches c, c', c'', c''' (pl. XLV, *fig.* 4) déterminent deux pôles australs en A' et A'' et deux boréals en B', B''. Les dix autres parties négatives rencontrent dans le circuit inférieur les dix parties de même nom émises par Marseille. Aucun courant ne parcourt donc ce circuit. L'influence du courant circulant dans les bobines supérieures s'exerce seule sur les noyaux des bobines, et la formation des pôles qui en résulte produit l'attraction de l'armature à droite : aucun signal n'est imprimé sur la bande du récepteur.

Tels sont les divers phénomènes produits dans la bobine différentielle pendant la transmission simultanée en sens opposé. Pour bien les saisir, il ne faut pas perdre de vue que les courants électriques circulent toujours du positif vers le négatif, et que le signal devant se produire sur la bande du récepteur d'une station est toujours en rapport avec la nature du courant émis par la station correspondante : signal marquant, si l'émission est positive; espace blanc, si elle est négative.

Les deux pôles de la pile étant en permanence reliés au transmetteur, il en résulte que la ligne est constamment chargée positivement ou négativement, lorsque le transmetteur est ouvert. Les courants des deux stations sont alors sans cesse en présence; ils se combinent ou se neutralisent, au lieu de se rendre à la terre par le rhéostat. Toutefois, si pour une cause ou pour une autre le chemin de la pile se trouvait fermé aux courants émis par la station correspondante, ces courants se perdraient par le rhéostat. Mais la transmission en sens opposé, au moyen de la méthode différentielle, étant basée sur un équilibre de courant, il est préférable de maintenir la pile sans cesse reliée à la ligne. Or, lorsque le transmetteur est fermé, aucun courant n'irait sur la ligne, si l'on n'utilisait pas la manette du manipulateur qu'on laisse constamment sur position de transmission. Nous savons que, dans cette position, le pôle négatif est relié à la ligne et le positif à la terre. Par ce moyen, la pile d'une station sera toujours en relation avec la pile de l'autre. De plus, avec la position de réception, le transmetteur étant fermé, le courant du correspondant, au lieu de se rendre de la borne L′ du récepteur à la borne T*r*, en traversant les bobines inférieures, suivrait le chemin sans résistance offert par le commutateur du récepteur, la borne L, le manipulateur, la borne LM du transmetteur, le commutateur de cet appareil, sa borne L, les lames 8 et 4 du commutateur à huit directions (pl. XLVIII) et la borne T*r*. De là il traverserait les bobines supérieures et se rendrait à la terre à travers le rhéostat formant la ligne artificielle. L'addition de cette nouvelle résistance égale à la résistance de la ligne réelle affaiblirait de moitié le courant et la réception serait mauvaise. Enfin la position de réception est inutile, puisque, dans la transmission simultanée, le transmetteur est en communication directe avec le récepteur, par les lames 8 et 4 du commutateur, c'est-à-dire, sans l'intermédiaire du manipulateur.

La transmission simultanée doit s'effectuer sans l'emploi de la caisse de résistance servant à la compensation dans la transmission simple. Nous savons que, pendant les deux derniers tiers du trait et de l'espace blanc égal à la longueur du trait, le circuit direct par les leviers d'aiguille du transmetteur est rompu, et qu'alors s'établit un circuit indirect à travers la caisse de résistance. L'addition de cette résistance aurait donc pour effet de diminuer, à un moment donné, la force des courants émis; l'équilibre nécessaire serait à chaque instant rompu et toute réception deviendrait impossible.

Il est donc indispensable en duplex de supprimer toute compensation et de laisser la manette du manipulateur sur position de transmission.

L'enroulement de la bobine duplex, tel qu'il existe dans la pratique, est le même que l'enroulement de la bobine simple; seulement, au lieu d'un fil, il y en a deux, voisins dans toute leur longueur. On introduit par l'ouverture de la joue médiane deux fils au lieu d'un et l'on soude séparément ces deux fils avec les extrémités de deux autres fils destinés à l'enroulement inférieur. Les deux points de soudure sont fixés séparément sur l'enveloppe du noyau. Les fils traversant la joue médiane sont enroulés en même temps au-dessus de cette joue, et les deux fils inférieurs, au-dessous. Le double enroulement inférieur est la continuation du double enroulement supérieur, et la bobine différentielle ainsi obtenue donne le même résultat que la bobine théorique représentée *fig.* 2 (pl. XLII).

CONDENSATEUR.

Il nous reste à parler d'un instrument ajouté au système automatique pour la transmission simultanée, le *condensateur*. Cet appareil a pour but de détruire l'action produite dans le récepteur par le courant de retour, en produisant lui-même un effet inverse. Il est indispensable surtout sur les lignes sous-marines ou sur les lignes terrestres d'un grand parcours. Il est formé de couches alternées de feuilles métalliques et de feuilles isolantes. On réunit d'un côté toutes les feuilles métalliques paires (pl. XLIV *fig.* 4) et de l'autre, les feuilles impaires. L'un des deux fils est relié à la borne R*h* du récepteur et l'autre à la terre (*fig.* 3).

Le condensateur, disons-nous, a pour but de neutraliser l'effet produit sur les bobines du récepteur par le courant de retour. Sa capacité doit être en rapport avec la capacité électrostatique de la ligne et sa charge est produite par le courant de départ qui, en se rendant au rhéostat, se répand sur toute la surface du condensateur. Cette masse de fluide, de même nature par conséquent que l'émission même, est pour ainsi dire tenue en réserve pendant toute la durée de l'émission, afin d'être utilisée lorsque l'émission cesse. En effet, aussitôt après la cessation de l'émission, le courant revenant de la ligne traverse le circuit 1-3, (pl. XLIV, *fig.* 3) suivant les flèches $a, a' \ a''$; mais, en même temps, le fluide entassé sur le condensateur s'échappe par le circuit 2-4, suivant les flèches c, c', c''. Le sens de ce courant est l'opposé de celui du courant de retour; par conséquent les deux actions produites sur le noyau de la bobine se neutralisent et l'armature ne fonctionne pas.

Le condensateur est divisé en boîtes contenant un certain nombre de feuilles métalliques. Chaque boîte est graduée à l'avance et l'unité de surface est le microfarad. Chaque boîte représente un certain nombre de microfarads et l'on peut faire varier la surface du condensateur en réunissant plus ou moins de boîtes, comme l'indique la *fig.* 4 (pl. XLIV.) On peut encore faire arriver sur la table de manipulation à un commutateur spécial que nous décrirons bientôt, tous les fils de ligne du condensateur. Le réglage du condensateur C s'obtient alors en réunissant, au moyen de fiches, plus ou moins de lames du commutateur à la lame principale reliée directement à la borne R*h* du récepteur.

RÉGLAGE.

Après avoir supprimé la compensation et placé la manette du manipulateur sur position de transmission, le réglage à établir est celui de la ligne factice et du condensateur.

La ligne factice est formée du rhéostat, avec l'addition du condensateur sur les lignes où le courant de retour se fait sentir. Il est indispensable que l'équilibre soit bien établi entre cette ligne factice et le conducteur reliant les deux stations. La résistance à prendre est calculée selon la longueur de la ligne, environ 10 unités (ohm) pour chaque kilomètre de fil de 4 $^{m}/_{m}$.

On appuie sur le manipulateur : il se produit un trait continu indiquant le passage de la totalité du courant par le circuit des bobines relié au rhéostat. On augmente la résistance du rhéostat, jusqu'à ce que le trait disparaisse ; c'est-à-dire que la résistance du rhéostat soit égale à la résistance de la ligne. Toutefois la disparition du trait n'indique pas un équilibre parfait entre la ligne factice et la ligne réelle. Pour obtenir cet équilibre, on demande au correspondant une série de points transmis automatiquement, pendant laquelle on appuie constamment sur le manipulateur. Si les points sont plus longs que les intervalles qui les séparent, c'est qu'un excès de courant existe dans le circuit des bobines relié à la ligne factice. On peut s'en rendre compte en suivant la marche des courants dans les deux circuits et en cherchant les pôles déterminés aux extrémités des plaques polaires des bobines par le courant qui est en excès. On augmente alors la résistance du rhéostat, jusqu'à ce que les points et les blancs qui les séparent soient de même longueur. On peut arriver au même résultat en tendant le ressort de sensibilité du récepteur (rappelons-nous ce que nous entendons par tendre et détendre le ressort de sensibilité) ; mais il est préférable de maintenir le zéro du disque gradué sous l'indicateur et de se servir du rhéostat.

Si, au contraire, les points sont plus courts que leurs intervalles, cela prouve un excès de courant dans le circuit des bobines relié à la ligne. On diminue alors la résistance du rhéostat. On arriverait encore au même résultat en détendant le ressort de sensibilité; mais l'équilibre obtenu au moyen du rhéostat est toujours préférable.

L'équilibre dans les deux circuits n'est parfait qu'autant que les points et leurs intervalles sont égaux.

On demande ensuite au correspondant l'engagement sur son transmetteur d'une bande perforée. Pendant cette transmission, on appuie de nouveau sur le manipulateur. Si l'équilibre des deux lignes a été bien établi, la réception sera bonne.

Jusqu'ici notre réception n'a pas été troublée par le courant de retour, puisque nous n'avons envoyé sur la ligne qu'un courant continu. Mais si, pendant le déroulement de la bande du correspondant, nous transmettons avec le manipulateur, ou si nous ouvrons le transmetteur, nos signaux seront déformés par le courant de retour. C'est alors qu'il faut faire intervenir le condensateur et procéder à son réglage.

On donne à cet appareil, en tenant compte de l'état de l'atmosphère, une surface à peu près en rapport avec la capacité électrostatique de la ligne. Avec les chiffres obtenus dans le réglage de chaque jour, il est facile d'établir la moyenne de cette surface.

Si l'on reçoit des points entre les signaux, c'est que le courant de retour est plus fort que celui venant du condensateur : il faut alors donner une plus grande charge au condensateur, en augmentant sa surface.

Si les traits sont coupés, ou que les points manquent, c'est que le courant venant du condensateur est plus fort que le courant de retour : il faut alors diminuer la surface du condensateur.

On peut aussi régler le condensateur en transmettant automatiquement, sans avoir besoin de la transmission du correspondant. On laisse dérouler la bande du récepteur et si, pendant la transmission automatique, on aperçoit des petits points sur la bande du récepteur, c'est que le courant de retour est encore sensible : il faut alors augmenter le condensateur, jusqu'à ce que la bande soit bien nette. On demande ensuite au correspondant un courant continu positif pendant lequel on transmet automatiquement ou avec le manipulateur. Si le trait se trouve brisé, c'est que le courant venant du condensateur est trop fort : il faut alors diminuer la surface du condensateur.

En résumé, le réglage du condensateur s'opère en diminuant ou en augmentant sa surface ; mais dans le cas où ce procédé deviendrait impossible, on peut faire varier l'action du condensateur en intercalant des résistances comme il suit :

La position normale du condensateur est celle de la *fig.* 1 (pl. XLVI), le fil de ligne du condensateur relié à la ligne factice, entre le récepteur et le rhéostat.

Si le courant venant du condensateur est trop fort, on peut le diminuer en intercalant une partie de la résistance formant la ligne factice entre le récepteur et le point où le condensateur est relié au rhéostat (*fig.* 2). De cette façon, le courant de charge du condensateur est affaibli ; et, en outre, une partie de cette charge peut se perdre par le rhéostat qui a été diminué d'autant de résistance qu'on en a intercalé entre le récepteur et le condensateur.

Si, au contraire, le courant venant du condensateur est trop faible, on peut augmenter son action en intercalant une résistance entre le récepteur et la ligne (*fig.* 3). Mais il faut avoir soin, pour que l'équilibre se maintienne, d'augmenter d'autant le rhéostat formant la ligne factice. L'action du condensateur se fera sentir davantage, car le courant de retour sera moins sensible, ayant à traverser une résistance artificielle avant d'entrer dans le récepteur.

Si la résistance intercalée entre le récepteur et la ligne est considérable, on peut augmenter la pile : par ce moyen, la charge du condensateur sera plus forte.

On voit qu'on peut se servir d'un condensateur ayant une capacité plus grande ou plus petite que celle de la ligne ; mais les difficultés se font sentir plutôt par manque que par excès de capacité.

Quand la décharge de la ligne est très-lente, on peut retarder celle du condensateur en le disposant comme l'indique la *fig.* 4 ou la *fig.* 5.

Sur le fil de Paris à Marseille, la résistance moyenne formant la ligne factice est d'environ 5.000 à 5.500 ohms ou 500 à 550 unités françaises, représentant la résistance de la ligne (863 kilomètres en fil de 5 $^{m}/_{m}$ de section donnent en effet comme résistance $2 \times \frac{863}{3} = 575$ unités). Cette résistance augmente par les temps secs et diminue quand le temps est humide.

Pour le condensateur, la moyenne est à Paris, en microfarads, de 7.500; et, à Marseille, de 4.000. Cette différence s'explique par le voisinage du câble souterrain de Paris à Juvisy. La tension du courant est considérable dans le câble; le courant de retour est beaucoup plus fort; il faut alors, pour le combattre, une surface de condensateur beaucoup plus grande. Dans les expériences faites entre Paris et Marseille sur un circuit aérien d'un bout à l'autre, les conditions de réglage sont les mêmes pour les deux stations. La moyenne est de 4 microfarads pour le condensateur. En outre Paris a dû adopter l'installation représentée pl. XLVI, *fig.* 5, afin de retarder la décharge du condensateur, celle de la ligne étant elle-même plus lente, par suite de la suppression de la section souterraine du conducteur. La graduation du rhéostat intercalé varie entre 400 et 1.600 unités. Les variations de réglage du condensateur sont dues aux changements dans l'état de l'atmosphère. Par temps sec, les pertes étant à peu près nulles, le courant de retour est plus sensible que par temps humide où les pertes sont nombreuses. Dans le premier cas, il faut augmenter la surface du condensateur; dans le second, la diminuer.

ORGANISATION DU SERVICE.

La transmission en duplex exige un perforateur et un traducteur supplémentaires. Le rôle de chaque employé est absolument le même que dans la transmission simple.

L'employé chargé de la manœuvre des appareils a

un surcroît de travail. Il doit surveiller le récepteur et le transmetteur qui déroulent en même temps; et, par conséquent, déployer une plus grande activité. Il peut se faire aider pour la perforation des rectifications par un des employés chargés de la préparation des dépêches; mais seulement lorsque cet employé peut être dérangé sans inconvénient de ses occupations. Dans le cas contraire, l'employé de l'appareil doit perforer ses notes lui-même, tout en surveillant et assurant le travail rapide et régulier des deux appareils. Le travail, quand il est bien ordonné, n'est pas plus pénible qu'en transmission simple.

Le réglage établi, comme nous l'avons dit plus haut, peut ne pas se maintenir. Dans le cours d'une séance, l'état de l'atmosphère peut varier. L'employé dirigeant la manœuvre des appareils doit suivre attentivement ces variations et modifier le réglage, chaque fois qu'elles se produisent.

Si le temps devient sec, la résistance de la ligne augmente; le courant de retour est plus fort, mais plus lent. On donne alors plus de résistance à la ligne factice; on augmente la surface du condensateur; mais, en même temps, on ralentit sa décharge, en augmentant la résistance intercalée. Il faut, en un mot, procéder à un nouveau réglage.

Si le temps est humide, la résistance de la ligne diminue; le courant de décharge est affaibli par les pertes, mais devient plus rapide. Il faut alors donner moins de résistance à la ligne factice, diminuer la surface du condensateur et hâter sa décharge en intercalant moins de résistance à l'entrée du condensateur.

Dans ce nouveau réglage, on doit se conformer aux règles énoncées ci-dessus. Mais, avec l'habitude, on arrive facilement à modifier le réglage, sans avoir besoin d'arrêter la transmission du correspondant.

La transmission en duplex offre un grand avantage, au point de vue des rectifications et des accusés de réception qui ne subissent aucun retard. Le tour de transmission n'existe plus, et toutes les communications de service peuvent être échangées à volonté.

VITESSE DE TRANSMISSION ET RENDEMENT.

Il nous est encore impossible d'établir la moyenne du rendement de l'appareil Wheatstone en duplex, car sur le circuit de Paris à Marseille, les résultats, bien que satisfaisants, sont loin d'atteindre les chiffres donnés par les statistiques de la station centrale de Londres.

La vitesse de transmission à Paris n'a pas dépassé 75, et celle de Marseille 65. Le maximun des dépêches transmises en une heure par Paris a été de 55, et de 45 par Marseille : ce qui donne un rendement de 95 dépêches à l'heure, y compris les accusés de réception, rectifications et autres communications de service. Résultat magnifique sur une ligne aussi difficile. La suppression de la section souterraine ayant permis à Marseille d'augmenter la vitesse de déroulement de son transmetteur, le chiffre de 110 et même de 120 dépêches à l'heure, a pu être atteint sans difficulté.

INSTALLATIONS SIMPLE ET DUPLEX RÉUNIES.

Nous avons décrit séparément les installations du système automatique en transmission simple et en transmission simultanée. Mais une disposition spéciale dans les communications de la table de manipulation permet de réunir ces deux installations. On se sert pour cela du commutateur déjà décrit et représenté (pl. XXXII, *fig.* 2). Quand nous aurons indiqué toutes ces communications (pl. XLVIII), un simple examen suffira pour trouver dans ce tableau les communications indispensables pour chaque mode de transmission.

Ce commutateur, avons-nous dit, est à huit directions ; c'est-à-dire qu'il se compose de 8 lames complètement isolées les unes des autres, mais pouvant être réunies deux à deux de diverses manières, au moyen de fiches (pl. XXXII, *fig.* 3). Les communications de cette double installation sont les suivantes :

Transmetteur. — Les bornes C et Z (pl. XLVIII) reçoivent les deux pôles de la pile.

La borne LM communique avec la borne L du manipulateur; la borne L, avec les lames 6 et 8 du commutateur; la borne T, avec la terre. Les deux bornes R sont reliées au rhéostat de compensation, et les bornes C^m et Z^m, aux bornes C et Z du manipulateur.

Manipulateur. — Les bornes C et Z communiquent avec les bornes C^m et Z^m du transmetteur; la borne L avec la borne LM du transmetteur; la borne T, avec la terre et enfin la borne R, avec la borne L du récepteur.

Récepteur. — La borne L est en communication avec la borne R du manipulateur; les bornes S′ et S″, avec la sonnerie; la borne T, avec la lame 1 du commutateur; la borne L′ avec la lame 7; la borne T*r*, avec la lame 4, et enfin la borne R*h*, avec la borne T.

Commutateur. — La lame 1 est reliée à la borne T du récepteur, à la borne d'entrée du rhéostat et à la borne d'entrée du condensateur. Les bornes de sortie de ces deux instruments communiquent avec la terre. Les lames 2 et 3 communiquent directement avec la ligne; la lame 4, avec la borne T*r* du récepteur; la lame 5, avec la terre; les lames 6 et 8 avec la borne L du transmetteur, et enfin la lame 7, avec la borne L′ du récepteur.

COMMUTATEUR DU CONDENSATEUR.

Le fil qui relie, avons-nous dit, la lame 1 du commutateur avec le condensateur ne se rend pas directement à cet appareil. Il aboutit à un commutateur spécial composé de six branches en cuivre fixées sur une planchette en ébonite. 5 branches sont transversales et parallèles et peuvent être réunies à la sixième qui s'étend sur toute la longueur de la planchette et porte cinq échancrures demi-circulaires faisant face aux échancrures demi-circulaires des lames transversales. Le condensateur représenté (pl. XLVIII) est celui de la station centrale de Paris. Il se compose de cinq boîtes ainsi graduées : 1[mic], 45-2,87-1,31-1,35 et 1,83. Le fil de ligne de chaque boîte communique avec une des lames transversales, tandis que le fil partant de la lame 1 du commutateur à huit directions est relié à la lame longitudinale. Au moyen de fiches, on réunit à cette dernière lame autant de lames transversales que le besoin l'exige. On peut donc faire varier la surface du condensateur, au moyen de ce commutateur placé à la portée de l'employé chargé de la manœuvre des appareils.

INSTALLATION SIMPLE.

Dans la transmission simple, on réunit, au moyen de fiches, les lames 1 et 5 et les lames 2 et 6. On supprime le condensateur en enlevant les fiches de son commutateur, puis le rhéostat, et l'on rétablit la compensation.

INSTALLATION DUPLEX.

Dans la transmission simultanée en sens opposé, on enlève les deux fiches du commutateur et l'on réunit les lames 3 et 7 et les lames 4 et 8. On supprime la compensation; on rétablit le condensateur et le rhéostat, et enfin on place la manette du manipulateur sur position de transmission.

MISE EN LOCAL AVEC LA DOUBLE INSTALLATION.

Nous avons vu que pour mettre l'appareil en local

avec l'installation simple, il suffisait de détacher le fil de ligne de la borne L du transmetteur et de le remplacer par le fil relié à la borne LM. Le commutateur à huit directions permet de mettre l'appareil en local, sans avoir besoin de détacher aucun fil. Il suffit de réunir, au moyen de fiches, les lames 1 et 5 et les lames 4 et 8 du commutateur. Tous les courants sortant du transmetteur traversent les lames 8 et 4 et se rendent à la borne T*r* du récepteur. Ils parcourent le fil des bobines supérieures seulement et se perdent à la terre par la borne T et les lames 1 et 5 du commutateur. Mais il faut avoir soin de se servir d'une pile locale, sinon on s'expose à dénuder le fil des bobines, ce qui produirait un dérangement très-sérieux dans la bobine différentielle. Si l'on n'a pas de pile locale à sa disposition, on se crée une ligne artificielle, au moyen du rhéostat utilisé pour la transmission simultanée. On ne se sert alors que de la fiche de droite, celle qui réunit les lames 4 et 8 du commutateur. Tous les courants sortant du récepteur vont prendre terre à travers le rhéostat. Par ce moyen, le courant de la grande pile est affaibli et tout danger disparaît pour les bobines. La compensation est indispensable si, en prenant une grande vitesse de déroulement du transmetteur, on désire obtenir une réception parfaite.

Remarque. Si, dans le courant du service, un dérangement venait à se produire dans le transmetteur, et qu'il fût utile de remplacer cet appareil, on peut opérer ce changement sans interrompre la transmission du correspondant. On détache les fils des bornes L et LM du transmetteur et on les relie ensemble. Ou bien encore, avec la double installation, on réunit les lames 1 et 5, puis 3 et 7 du commutateur. Tous les courants venant de la ligne se rendent au récepteur par les lames 3 et 7 et la borne L'. Tous les fils extérieurs du transmetteur peuvent alors être détachés sans inconvénient.

FIN.

TABLE DES MATIÈRES

PARTIE ÉLECTRIQUE :

I. COMMUTATEURS.

II. COMMUNICATIONS ÉLECTRIQUES.

III. MARCHE DES COURANTS.

COMPENSATION.

Paris. — Imprimerie Arnous de Rivière, rue Racine, 26.

www.ingramcontent.com/pod-product-compliance
Lightning Source LLC
Chambersburg PA
CBHW070239200326
41518CB00010B/1614
* 9 7 8 2 0 1 2 6 6 1 6 9 1 *